时尚秀场

时装画手绘技法攻略

■ 张烜瑀 · 编著

人民邮电出版社
北京

图书在版编目（CIP）数据

时尚秀场：时装画手绘技法攻略 / 张烜瑀编著. -- 北京：人民邮电出版社，2020.4
ISBN 978-7-115-49707-9

Ⅰ. ①时… Ⅱ. ①张… Ⅲ. ①时装－绘画技法 Ⅳ. ①TS941.28

中国版本图书馆CIP数据核字(2018)第236804号

内容提要

绘制时装效果图是时装设计过程中的一个重要环节，掌握它是从事时装设计应具备的专业素质。本书系统地讲解了如何使用不同的绘画工具和手绘技法来表现时装效果图。

本书共分为5章。第1章讲解了绘制时装效果图所需的画材。第2章讲解了人体结构、四肢和五官的绘画技法，只有精准地把握人体结构，才能绘制出令人满意的时装效果图。第3章介绍了配饰和衣服褶皱的绘制技巧，衣服的褶皱可以体现出服装的真实动感。第4章从创新的角度出发，讲解了如何使用特殊材料给画面加分，使效果更加迷人。第5章按照彩铅、水彩和马克笔分类，讲解了服装效果图完整的绘制过程。

本书内容翔实，非常适合初学者临摹，同样也适合服装专业学生、手绘爱好者和设计从业者阅读。

◆ 编　　著　张烜瑀
　责任编辑　杨　璐
　责任印制　马振武
◆ 人民邮电出版社出版发行　　北京市丰台区成寿寺路11号
　邮编　100164　　电子邮件　315@ptpress.com.cn
　网址　http://www.ptpress.com.cn
　雅迪云印（天津）科技有限公司印刷
◆ 开本：787×1092　1/16
　印张：11.5
　字数：307千字　　　　2020年4月第1版
　印数：1－2 500册　　　2020年4月天津第1次印刷

定价：79.00元

读者服务热线：(010)81055410　印装质量热线：(010)81055316
反盗版热线：(010)81055315
广告经营许可证：京东工商广登字20170147号

前言

Preface

经过了近半年的筹备与编写，这本服装手绘书终于和大家见面了，希望它对正在学习服装设计或者热爱绘画的你有所帮助。

时装画的表现形式有很多种。本书主要讲解了采用水彩、彩铅、马克笔三种工具的时装画技法，针对服装的不同面料和款式，采取相应的绘画方法来展现。书中还讲解了特殊材料在时装画中的应用，区别于我们常见的时装画表现形式，相信一定能给你带来耳目一新的感觉。

曾经有人问我每天画画不累吗？我说因为热爱所以不会累，我相信只要从内心热爱它，就能将它做得更好。我从开始学习画画，到初中临摹小说插图，然后到高中艺考，再到大学学习CG原画到现在画时装画，这一路曾被人否定过，但是我从未放弃，因为对于我来说“绘画即生活”。当你热爱一件事到极致，它就会成为你生活中不可缺少的一部分。

在这里，向支持、鼓励我，使我成长的父母、恩师、朋友致以衷心感谢，你们的欣赏是我前行的动力。感谢人民邮电出版社对我的肯定以及责任编辑对我的帮助。特别感谢每一位读者，你们的认可是我付出的价值所在。

愿我们对画画的热情只增不减，愿你的坚持都是因为热爱。

在阅读过程中有任何问题可以随时与我联系，愿与大家进行交流、分享。

作者

2019年10月

目录

Contents

03
CHAPTER
配饰画法及
服装褶皱表现
35

04
CHAPTER
特殊材料在
时装画中的应用
67

05
CHAPTER
服装手绘
效果图实例
83

附录
效果图赏析
166

01 CHAPTER 时装画的画材准备

1.1 笔类工具

在绘制时装画之前，要准备一些适合自己绘画的工具与材料，这一章将介绍手绘时装画的工具和使用方法，以便大家选择适合自己的画材。建议大家买一些不同种类的画材，将这些画材结合在一起进行创作可以制造出单一画材所没有的效果，而且能增加画面的细节，提升画面的质感。

1.1.1 彩铅的使用方法

首先准备普通、削尖的HB、2H铅笔或者自动铅笔用来起稿，还要准备一块绘画橡皮和一块可擦彩铅的橡皮（在购买彩铅时可以一起购买彩铅专用橡皮）。

推荐初学者使用辉柏嘉水溶性彩铅和马可雷诺阿油性彩铅。

彩铅的色彩丰富且细腻，单独使用很容易塑造出立体感和不同的质感。与马克笔、水彩搭配使用更能丰富画面，增加画面的细节，使画面更加生动。

水溶性彩铅与油性彩铅的区别：水溶彩铅加水会有水彩的效果，但在时装画中并不常用，其笔芯更软，多与水彩或马克笔搭配使用。油性彩铅比水溶性彩铅更容易上色，适合涂深色，在时装画中可塑造体积感和厚度。水溶性彩铅和油性彩铅都适合与马克笔搭配使用。

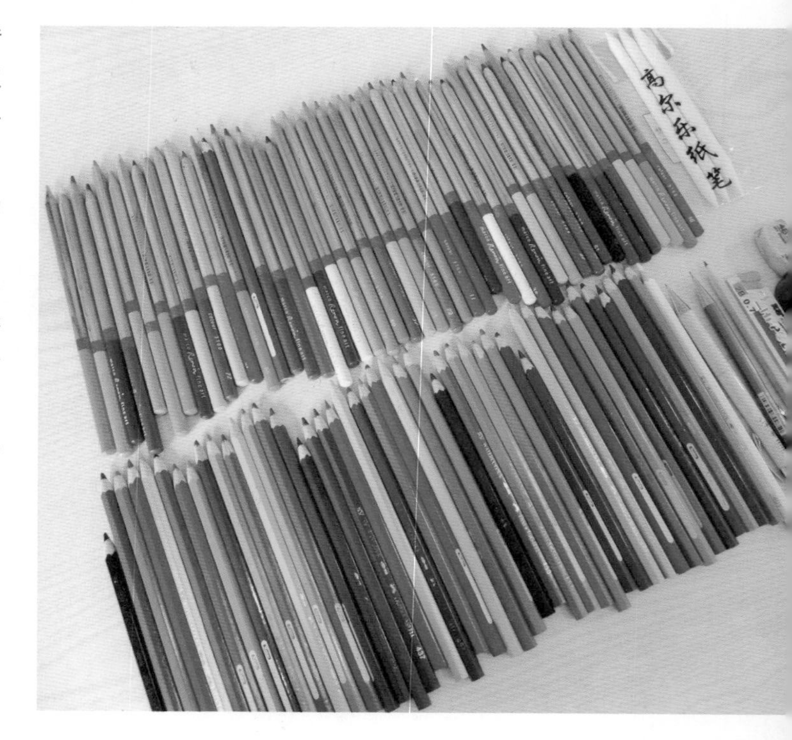

接下来讲讲彩铅在时装画中的一些使用方法。

平涂排线：用彩色铅笔均匀排列出线条，达到色彩一致的效果。

交叉线：两个方向的线条进行交叉排线。

点画：将彩铅直立于纸面，点成点状。

粉涂：把削下来的笔芯粉末倒在纸上，然后用面巾纸晕染开。

波纹线：用彩铅画出波浪形的线。

轮旋线：用彩铅一圈一圈绕着画。

鳞纹线：画出像鱼鳞一样的线。

划线：将彩铅在纸上找到一个顶点向不同方向画线。

排线晕染：排线后用面巾纸将其晕染开。

叠彩：运用不同颜色的彩铅排线，色彩可重叠使用，使其变化丰富。

与其他画材结合：可叠加于马克笔、水彩之上，根据画面需要增加细节。

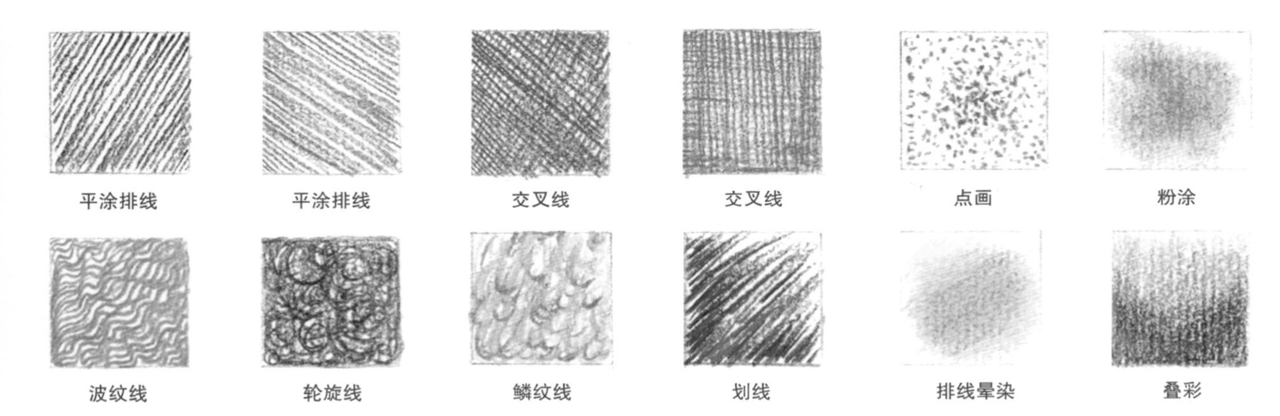
平涂排线　平涂排线　交叉线　交叉线　点画　粉涂

波纹线　轮旋线　鳞纹线　划线　排线晕染　叠彩

1.1.2 色粉笔的使用方法

色粉画是一种易于掌握的绘画形式。色粉有很强的覆盖性，主要用于绘制粉画，而在时装画中主要用来制造特殊效果和装饰。其色彩明快，使用时先浅后深，上色的辅助工具是纸擦笔、手指和海绵等。

推荐初学者使用马利色粉笔。

色粉在时装画中的使用方法有以下几种。

直接画法：直接用色粉笔，以点、线、面进行绘画，颜色不加混合。

多层画法：非一次性完成，用多次重叠的方法进行绘画，用面巾纸或手指进行擦拭。色调的过渡非常微妙，画面有浑厚、耐看的特点。

装饰画法：在深色服装上以点、线、面或花纹等进行画面装饰，不同于彩铅表现的效果，使画面更具创造力。

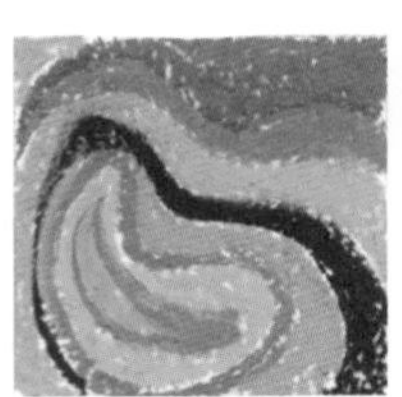
直接画法

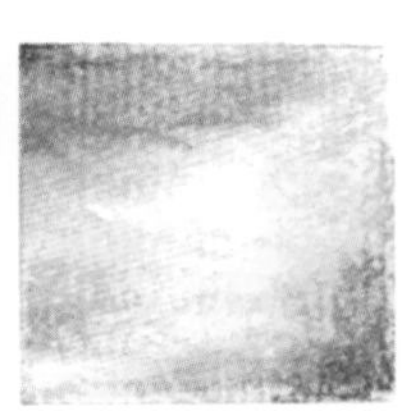
多层画法

装饰画法

1.1.3 毛笔的使用方法

毛笔的种类、材质及来源有很多种，在时装画中我们一般根据画幅的大小准备大、中、小及勾线毛笔这4支笔。

推荐初学者使用国产大小白云、一品叶筋等，还可以使用国外的华虹水彩笔、莫兰迪水彩笔、阿尔瓦罗松鼠毛水彩笔等。

毛笔在时装画中的使用方法主要有两种。

干画法：用毛笔在纸上先涂上一层颜色，等颜色干后再涂上另一种颜色，不需要水进行衔接，干画法的作品用笔干脆利落、边线分明。

湿画法：毛笔中的水分充足，趁一种颜色的水分未干，涂上另一种颜色，这样两种颜色就会有融合的效果。湿润的程度不同，产生的效果也是不同的。

干画法

湿画法

1.1.4 马克笔的使用方法

马克笔在时装画中是很常见的画材，马克笔具有易挥发性，适用于一次性的快速绘图，在时装画中可快速表现出效果。马克笔分为水性和油性，水性马克笔类似于彩色笔，不含油精成分；油性马克笔含有油精成分，有味道且较易挥发。

推荐初学者使用法卡勒、秀普（TOUCH）等品牌的马克笔。

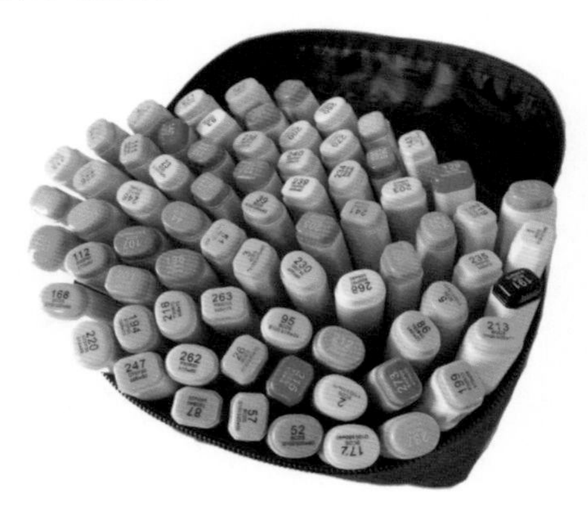

马克笔在时装画中的使用方法如下。

马克笔的笔触要肯定，不拖泥带水，下笔流畅、一气呵成才能画出好的画面效果，切忌犹豫不决、反复描摹。

马克笔常用排线方法：平铺、叠加和留白。

平铺的时候要注意粗、中、细线条的搭配，灵活运用马克笔两端粗细不同的笔头，使画面更具灵动性。叠加一般是在第一层的颜色干透后叠加同类色或更深一层的颜色，需要注意的是叠加的次数不宜过多，以免影响颜色的清新感、透明性。留白一般是在画服装的时候根据不同种类的服装留出高光或者是服装本身的白色部分。

平铺

叠加

留白

1.1.5 纤维笔及高光笔的使用方法

纤维笔很细，可以用来画画和写字，且颜色很多，在时装画中多用于为马克笔时装画增加细节的部分。

高光笔在时装画中多用于眼睛部分的高光及服装上高光的绘制，高光笔在时装画中起到了不可或缺的作用。

推荐初学者用慕娜美纤维笔、樱花高光笔等。

1.1.6 针管笔及勾线笔的使用方法

针管笔能绘制出均匀一致的线条。笔身是钢笔状，笔头是长约2cm中空钢制圆环，颜色有很多，可用于勾线和画细节。在马克笔时装画中常用浅棕色针管笔勾皮肤的边缘。

勾线笔在时装画中与马克笔搭配使用，通常使用秀丽笔，俗称“软笔”。其笔锋秀丽、软硬适中、出墨均匀、快干防水，适用于时装画中的勾线部分。

推荐初学者用樱花针管笔、白金（Platinum）彩色新毛笔。

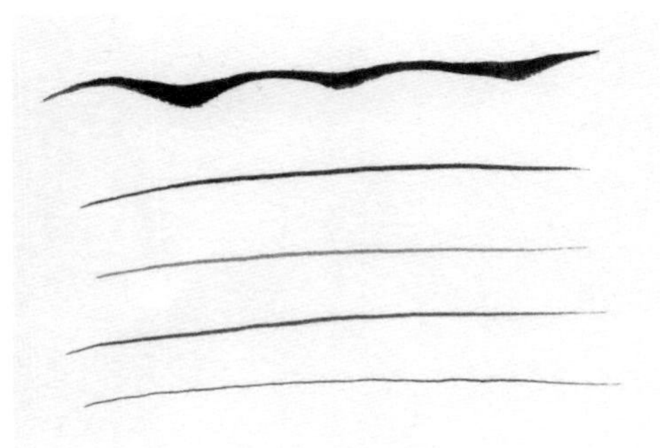

1.2 颜料工具

1.2.1 水彩颜料

在时装画中，水彩颜料属于很常见也很实用的绘画工具之一，水彩能表现出不同质感的服装，我们可以选择适合自己的水彩颜料。水彩颜料分很多种，如果你不知道哪种颜料适合自己，可以先购买分装进行试用。

推荐初学者使用史明克学院级、吴竹颜彩和温莎牛顿大师级等。

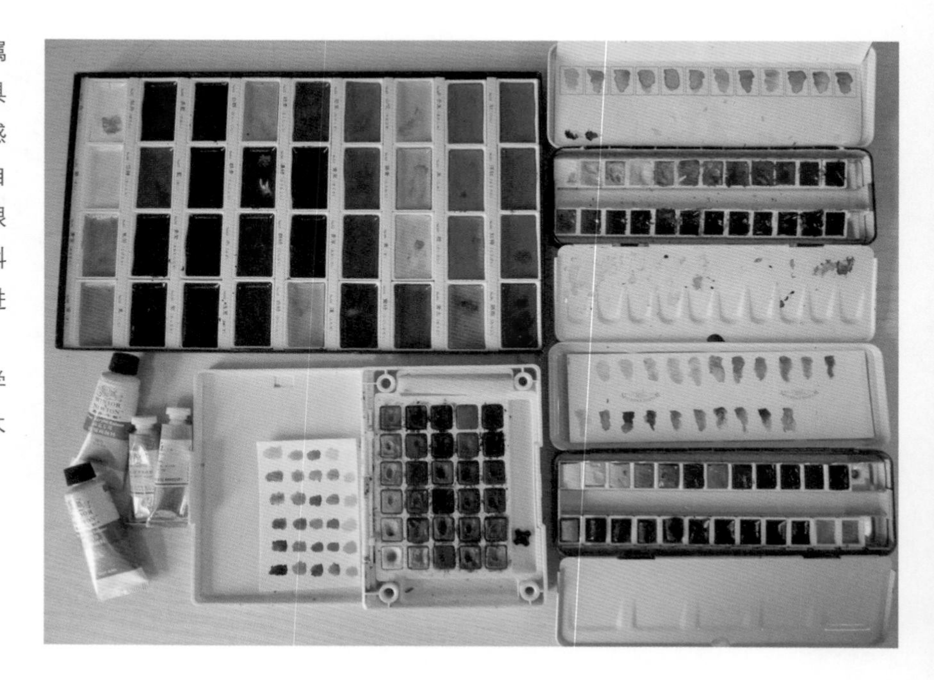

水彩的绘画技法有很多，在这里给大家介绍下时装画常用的水彩画法。

平涂叠色法：为了体现服装质感，我们一般要画两层或更多层颜色，这时就要用到颜色叠加，在第一层颜色干后再加第二层颜色，由浅到深，适合表现层次分明的服装。

肌理法：用面巾纸在画过颜色的地方进行擦拭和按压，调淡颜色，使画面更加丰富并产生浓淡的效果。

晕染法：利用水对画面进行渲染，将颜色进行自然的过渡，从而使色彩产生渐变效果。

枯笔法：用少许颜料，保持画笔干燥，在纸上快速画出，会产生一种特殊的肌理感，适合画时装画中的边缘部分，其笔触灵活且有质感。

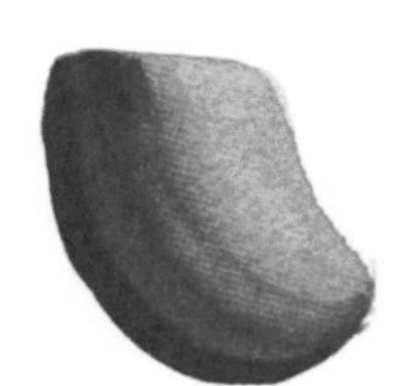

平涂叠色法

肌理法

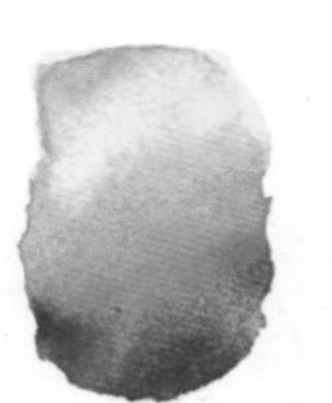

晕染法

枯笔法

水彩的技法有很多种，比如破色法、撒盐法和沉淀法等，因为在时装画中并不常用，所以不过多介绍，有兴趣的读者可以自己研究。

1.2.2 珠光颜料

推荐初学者使用日本吉祥颜彩珍珠色、Daniel Smith（缩写为DS）丹尼尔史密斯珠光水彩等。

珠光色一般与水彩颜料混合使用，珠光色会给画面制造出闪光感，是很细碎、细腻的珠光，喜欢珠光质感的读者可以购买珠光颜料或者珠光媒介进行尝试。

珠光颜料也可单独用于画面点缀，在服装中一些需要闪光的地方使用珠光色，同样会使画面非常出彩。

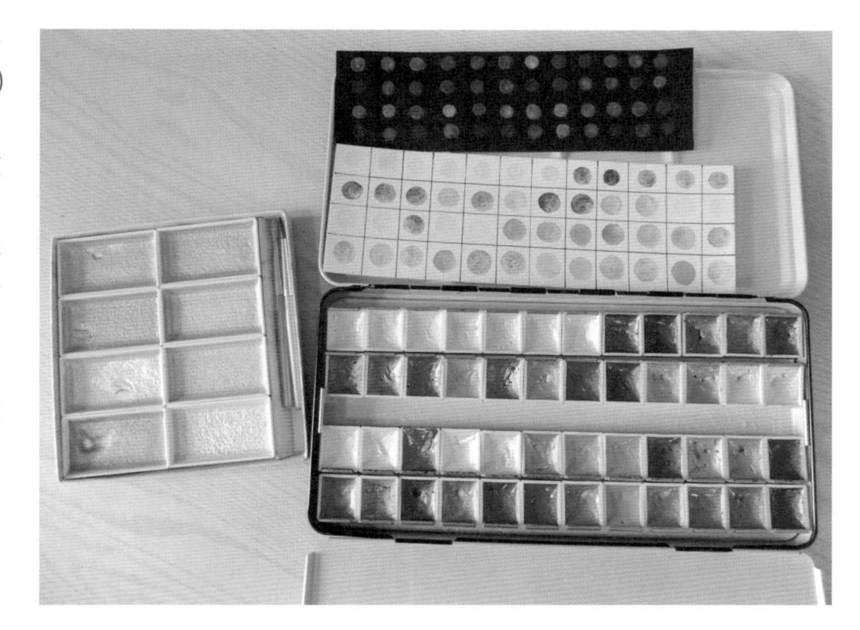

1.2.3 特殊材料

在时装画中，我们还可能用到一些特殊的材料，比如亮片、指甲油和彩钻等，在一些礼服或其他服装中进行点缀装饰，会使画面看起来更加华丽，增强时装画的整体效果。我们可以将异形亮片、不同种类的铆钉指甲油粘贴在画面上使效果更丰富。

推荐使用美甲亮片、闪钻彩钻、铆钉等不同种类的指甲油。

1.3 不同种类的图纸

在时装画中每种材料要搭配不同的画纸进行绘制。彩铅、色粉搭配素描纸，马克笔搭配马克笔专用纸，水彩搭配水彩纸。水彩纸的种类很多，可以先买水彩纸分装试用，选择适合自己的画纸。

1.4 辅助工具

辅助工具不是必需的，根据自己的需求购买即可，包含拍照道具、纸胶带、美工刀、尺子、调色盘和排刷等。

02
CHAPTER
时装画
人体比例详解

2.1 时装画人体基础比例及分解

要想画出一张好的时装画，人体是很重要的。人体是时装画的基础，只有人体达到标准才能给时装画奠定好的基础。这一章我们要学习的就是时装画的人体比例，学习本章将会帮助你了解时装画人体绘画的方法。

真人人体在站立时大概是6.5~7个头长，而时装画的人体是把真人人体进行适当夸张，使模特更具美感，但并没有改变人体的结构特征。时装画的人体一般画到8.5~9个头长，也有画到10个头长的，具体根据时装画风格、服饰、个人喜好等因素而定，并没有具体的要求。

2.1.1 九头身比例

我们将人体分成9个头长，每个头长对应一个部分，分别为头部、胸部、腰部、臀部、大腿中部、膝关节、小腿中部、踝关节和脚。

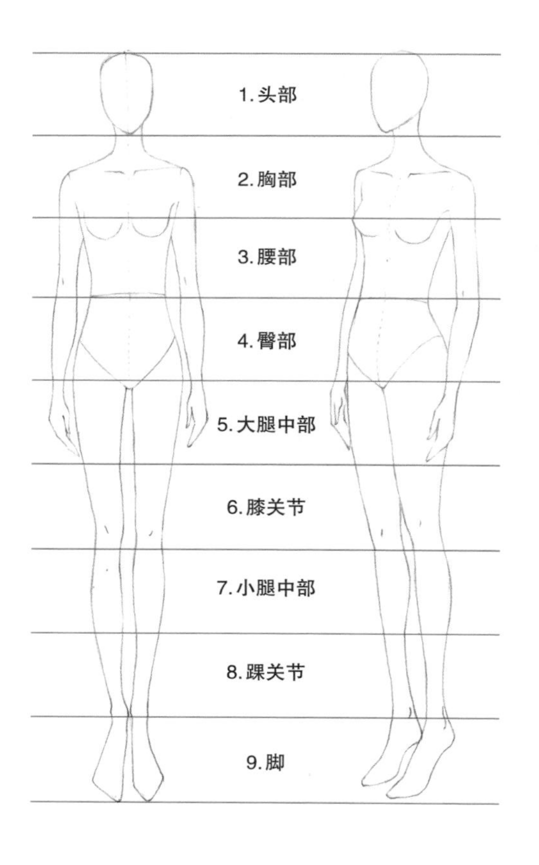

2.1.2 男性人体特征

男性人体的基本特征是骨骼较大，外轮廓线顺直，头部较为方正，肌肉发达突出，胸部肌肉丰满平实，男性的手脚较女性偏大。

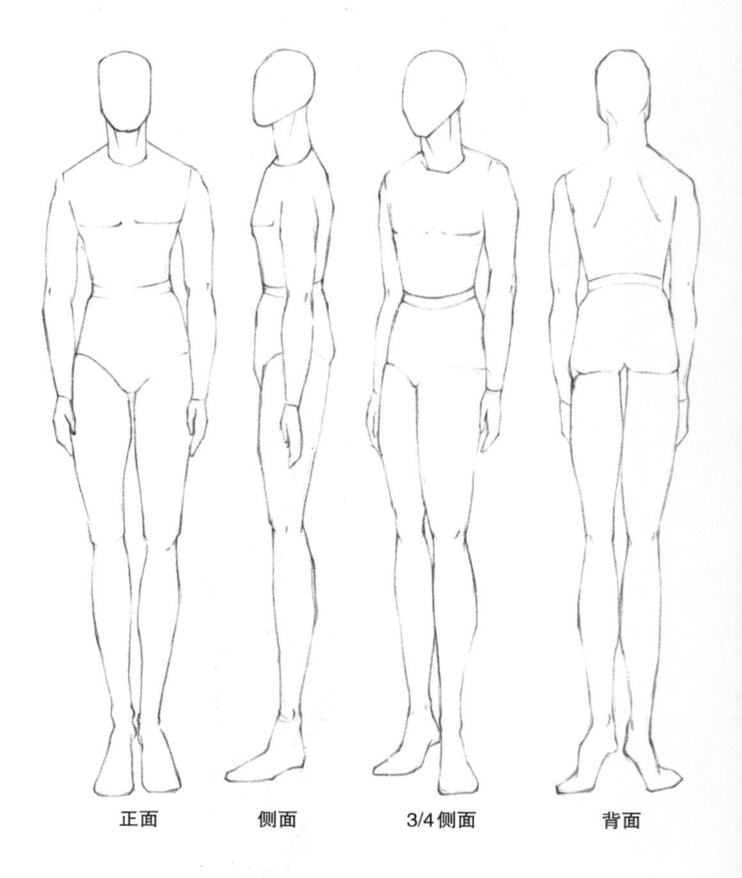

2.1.3 女性人体特征

女性人体的基本特征是骨架、骨节比男性小，外轮廓线呈圆润、柔顺的弧线，体型丰满、脂肪发达、乳房凸起、臀部丰满，手和脚较小。

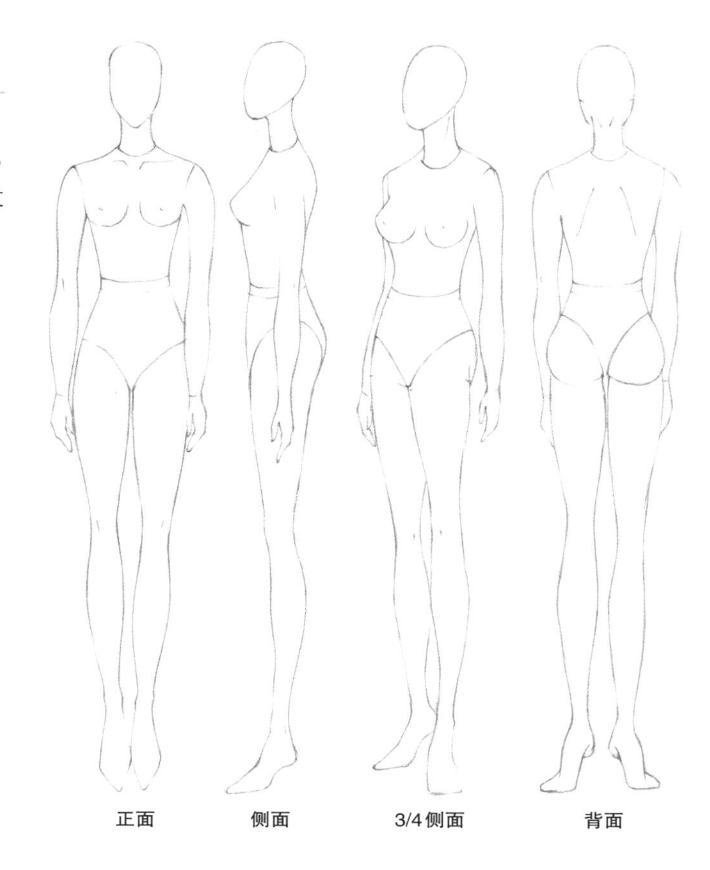

2.1.4 儿童的基本比例

我们将儿童的发育归纳为四个阶段：幼童、小童、中童和大童。

幼童期：1岁~3岁，头、胸、腰、臀的体积大体相同。

小童期：4岁~6岁，头、胸、腰、臀的宽窄基本相同，下半身开始发育。

中童期：7岁~12岁，腰部开始收细，头、胸、腰、臀开始发生变化。

大童期：13岁~15岁，身高增长较快，男性和女性的体型特征基本显现出来。

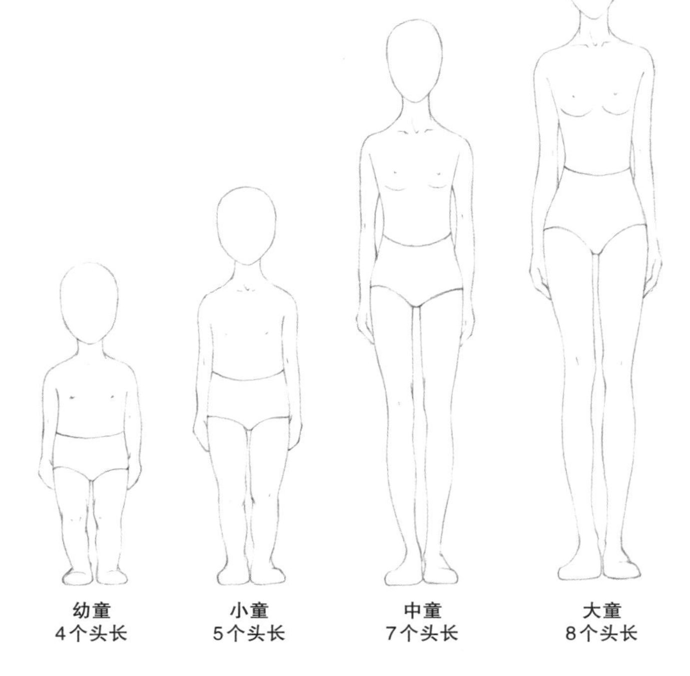

2.2 人体结构拆分练习

2.2.1 三等分练习

在这里讲解一种适合新手学习的方法。

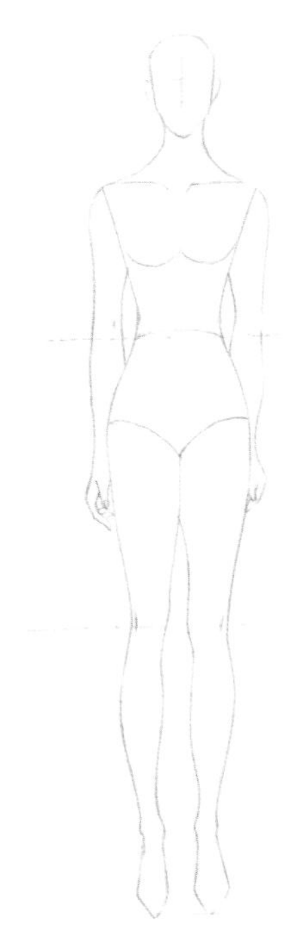

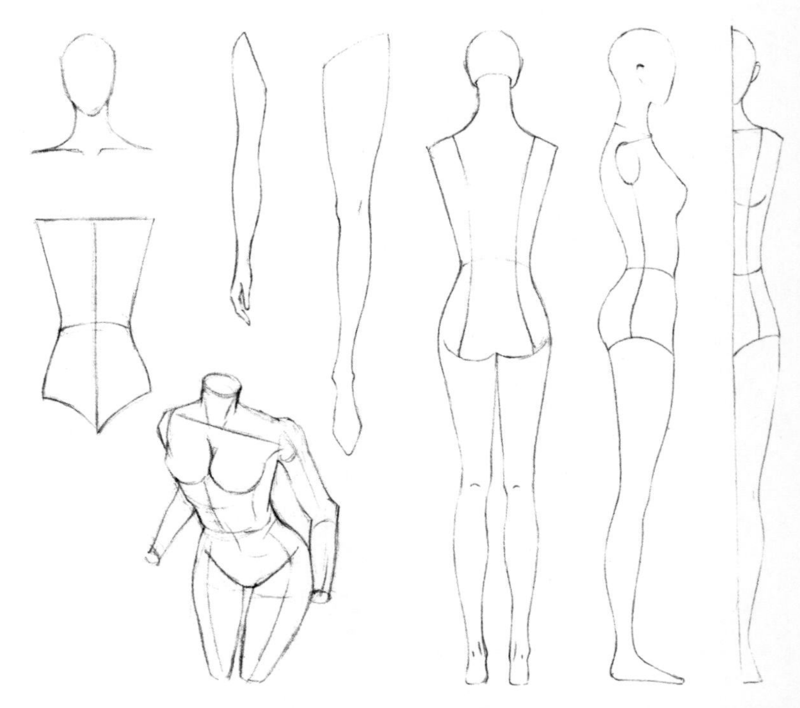

1 我们把人体进行拆分，将人体拆分成相等的3个部分，第一个部分从头到腰，第二个部分从腰到膝盖，第三个部分从膝盖到脚趾。

2 针对这3个部分，我们进行拆分练习，在练习的过程中要注意每个部分与其他部分的相互关系。将其中一部分与别的部分进行长短的比较，每个部分都非常重要，要不断地练习再将其组成一个完整的人体。

3 这种拆分练习的方法对正、侧、背面的人体都很适用，只要多加练习就会取得很大的进步。

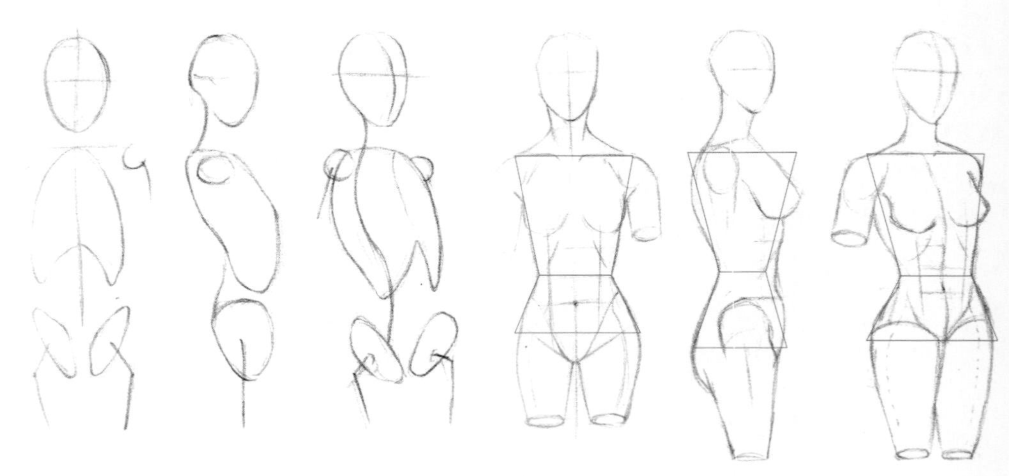

2.2.2 上半身与下半身解析

我们把人体进行分解后，再把每个部分简单理解为图形进行记忆，这样有助于在以后的练习和绘制中更好地理解和发挥。

上半身解析：上半身可以简单地理解为一个倒梯形，肩是宽的一端，腰是窄的一端。

下半身解析：下半身的臀部可以简单地理解为一个比上半身矮的梯形，窄的一端是腰部，宽的一端是臀围；大腿和小腿可以简单地理解为两个圆柱体衔接在一起进行变化。

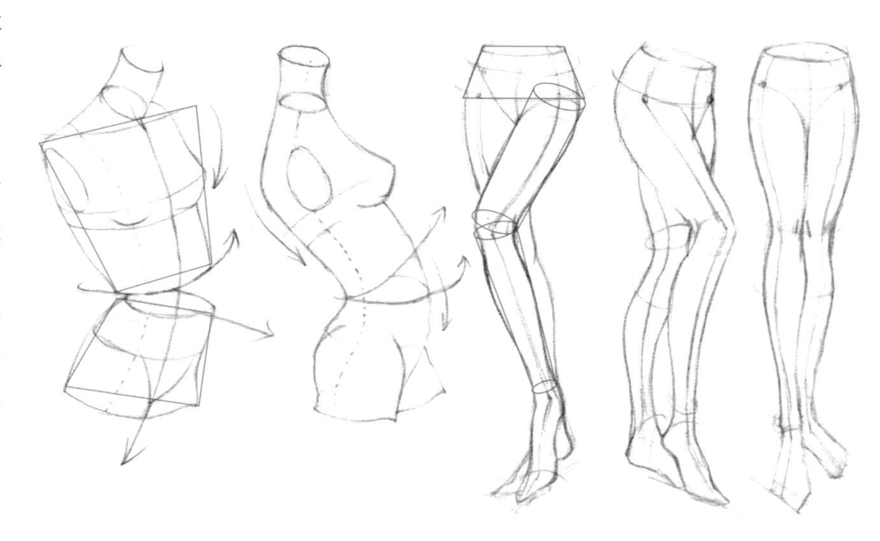

2.3 常见人体动态画法

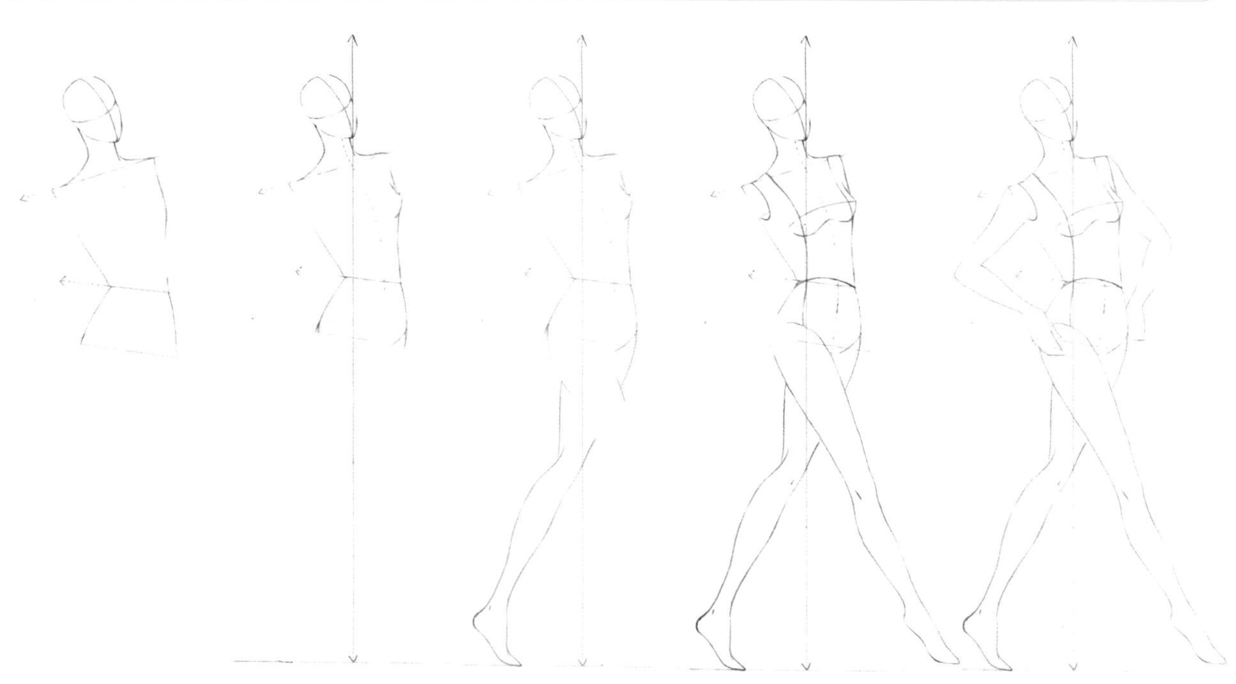

1 在纸上先画出一个大体轮廓，肩线低端和臀线高端在同一侧。

2 在身体上画上垂直重心线，图上的竖线为垂直重心线。

3 画出靠近或者垂直于重心线的承重腿。

4 画出胯部以及另外一条非承重腿。

5 根据人体动态画出适合的手臂。

依照上述的分解步骤，可以画出更多动态造型。下图中的竖线为垂直重心线，3条斜线从上到下依次为肩线、腰线和臀线。

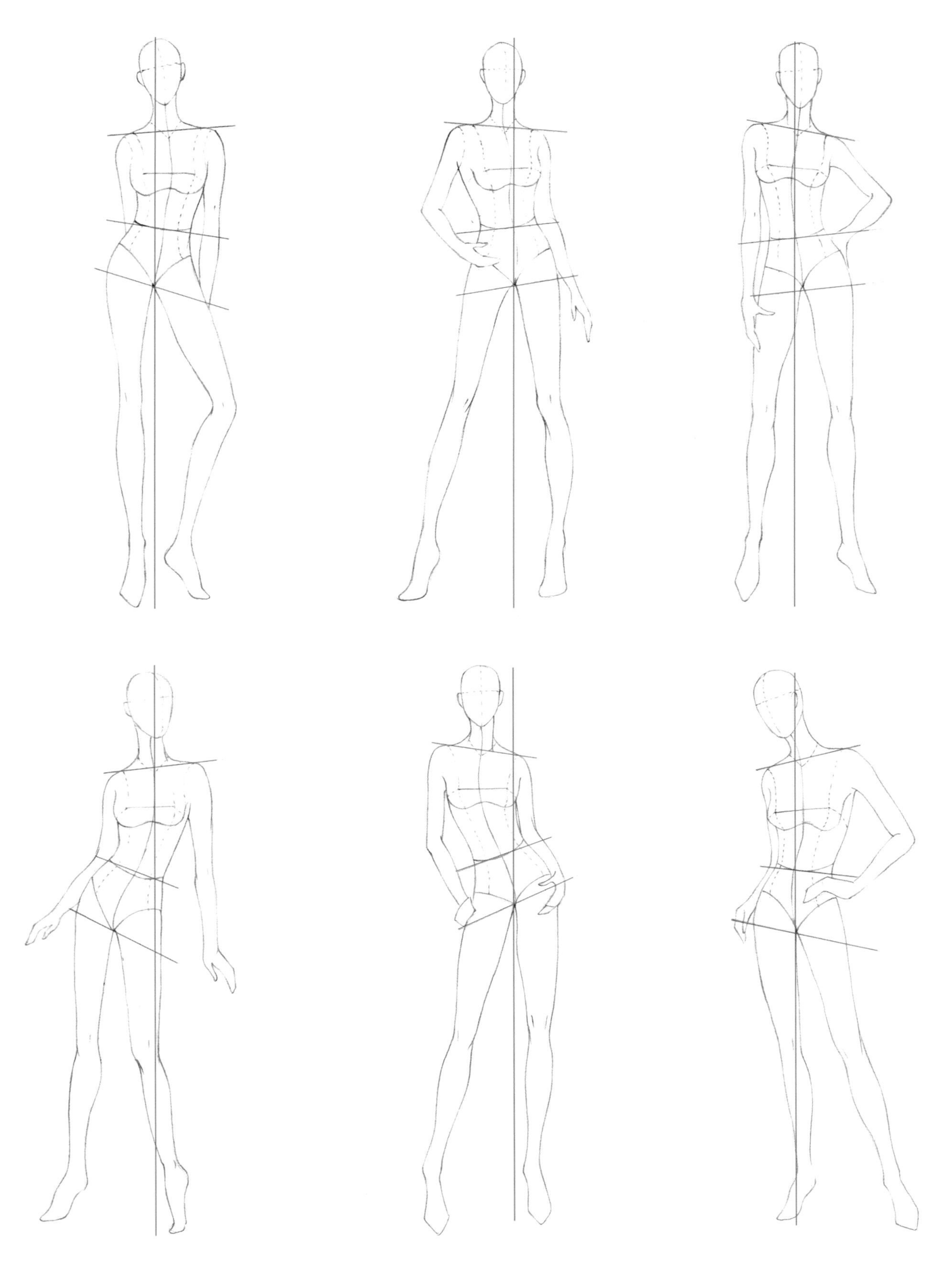

2.4 手脚分解练习

2.4.1 手的画法

手是人体中较为灵活的部位，在时装画中手的外形是通过适当的夸张手法进行绘制的。不同于真实手的造型，手指部分更为细长，在刻画手的过程中我们要注意手指与关节部分的关系，做到和谐统一。

手的绘制方法及步骤。

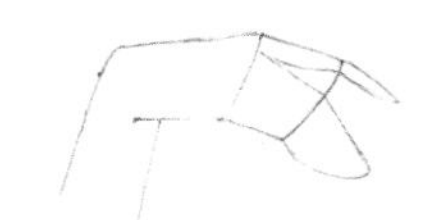

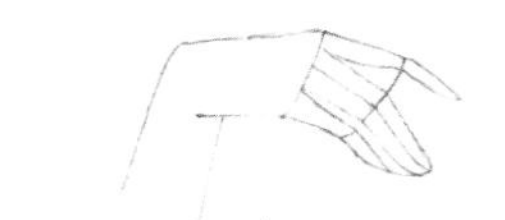

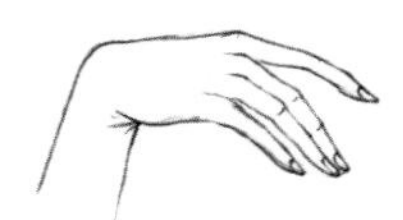

1 忽略细节，用直线和弯曲的线进行起稿，把握手的整体形状。

2 先画出手的关节部分，然后画出手指。

3 根据上一步定好的关节和手指进行细节的刻画，最后填上指甲。

根据上述讲解的方法和步骤，练习手的画法。

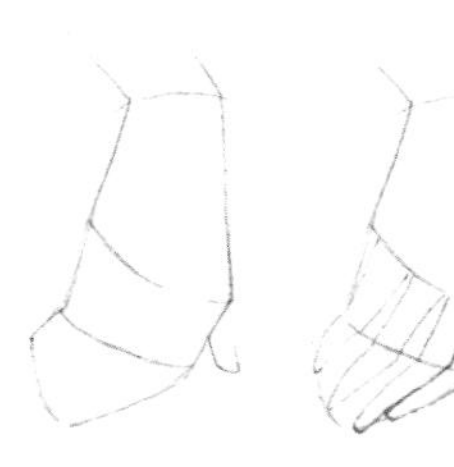

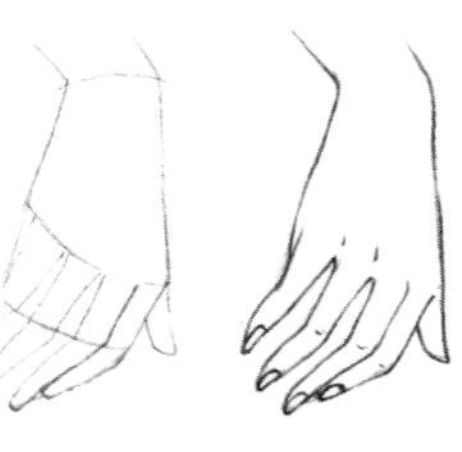

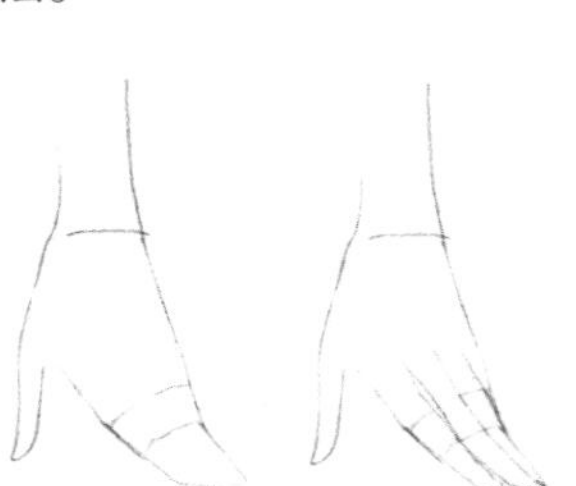

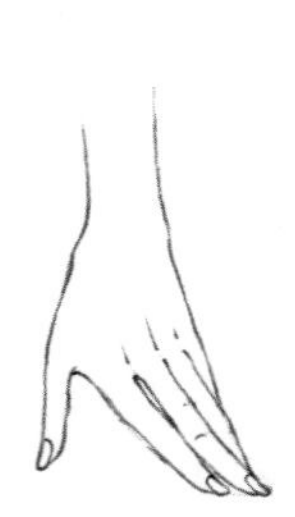

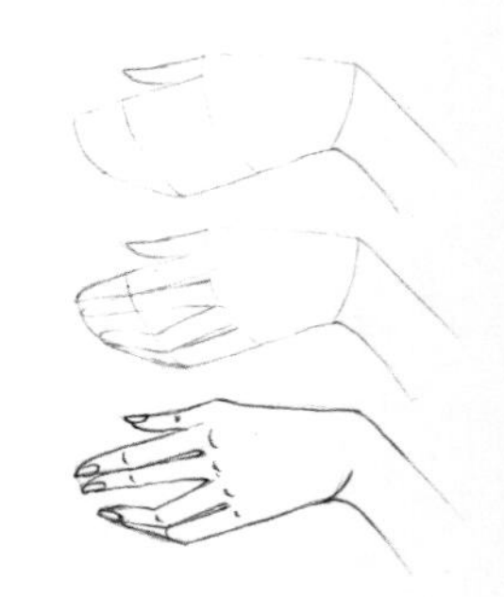

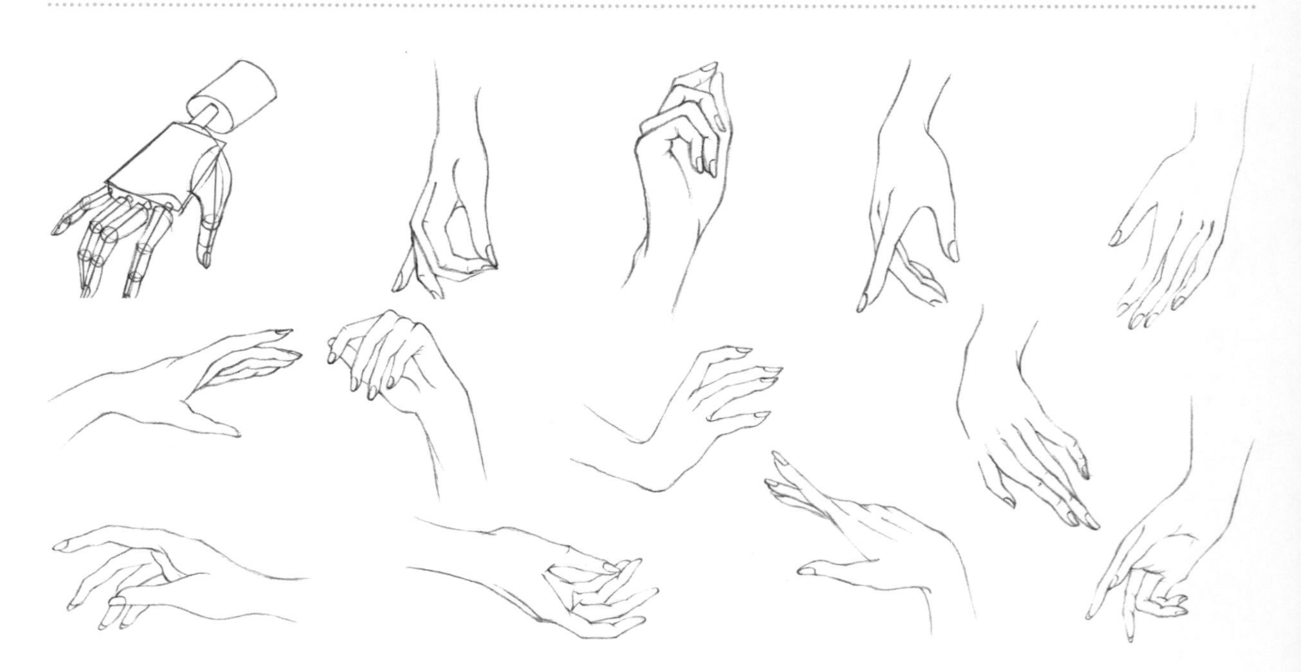

2.4.2 脚的画法

脚的结构大致分三个部分：前足、中足和后足。在时装画中大多数模特是穿着鞋的，所以脚与鞋的关系密不可分，在练习画脚的时候我们要先练习画不穿鞋的脚，这样在画穿鞋的脚的时候才能更得心应手。时装画中的脚也比真实脚的造型更加修长，这样会使我们的时装画看起来更加美观。

时装画中大多数是穿鞋的脚，所以接下来给大家讲解穿鞋的脚的绘制方法及步骤。

1 忽略细节，先画出大轮廓，注意脚的透视与鞋的透视。

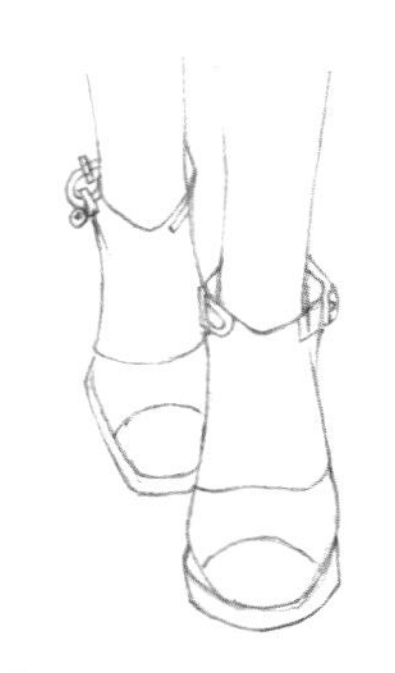

2 画出鞋上的装饰物及鞋上的细节部分。

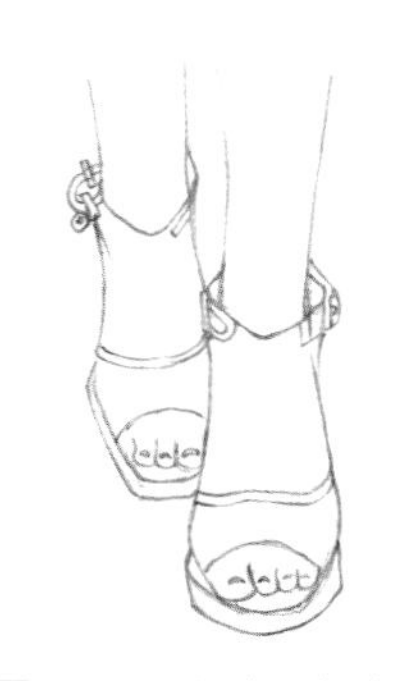

3 画上脚趾，完成整个脚的绘制。

根据左边讲解的方法和步骤，练习下面穿鞋的脚的画法。

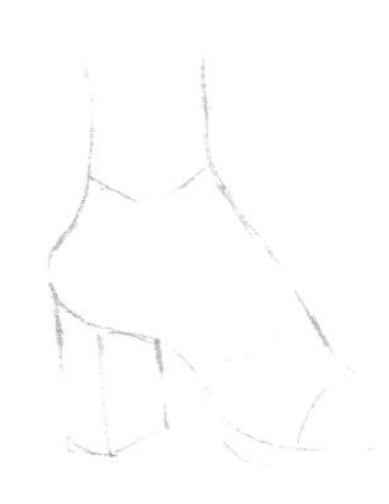

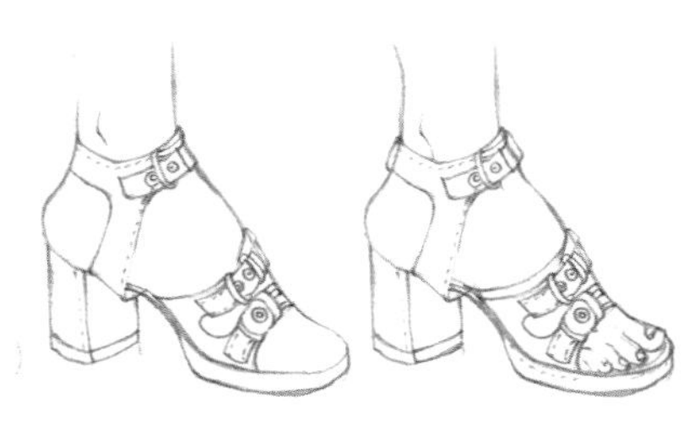

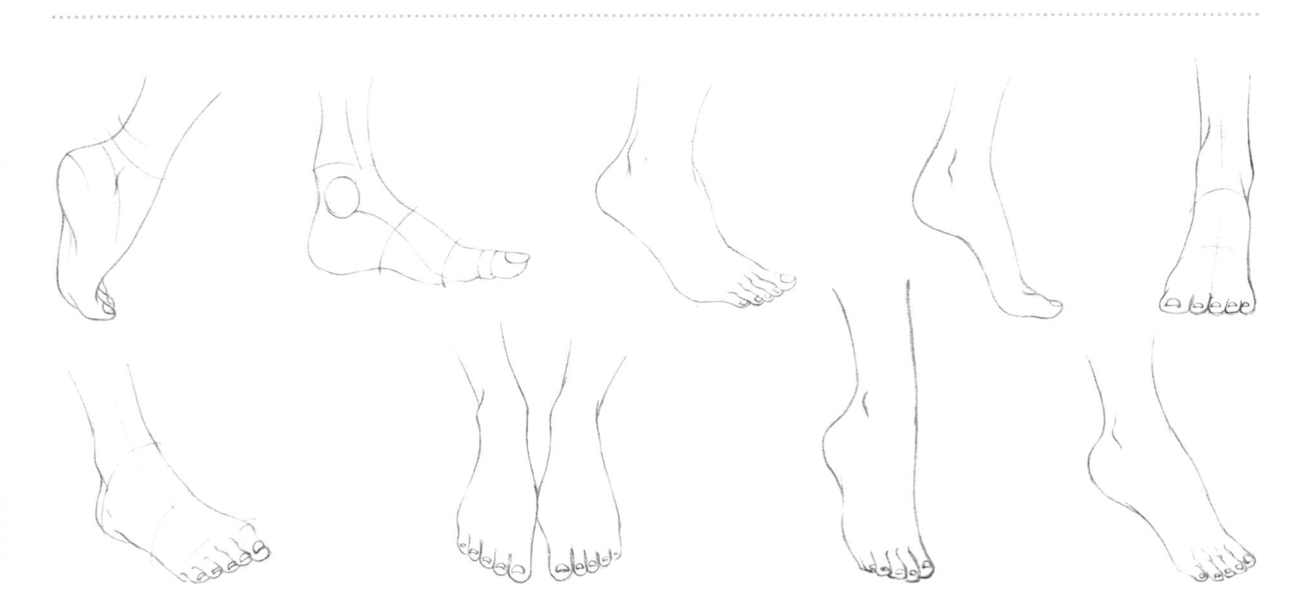

2.5 发型及五官绘制

2.5.1 时装画中的常见发型

常见短发类

常见长发类

可爱发型类

如何塑造发型的立体感?

首先按照头发的走向及前后关系进行起稿。起稿中要明确头发的前、中、后部分及每个部分中厚度的关系。

在掌握了前、中、后部分的关系后才能画出有体积感的发型。

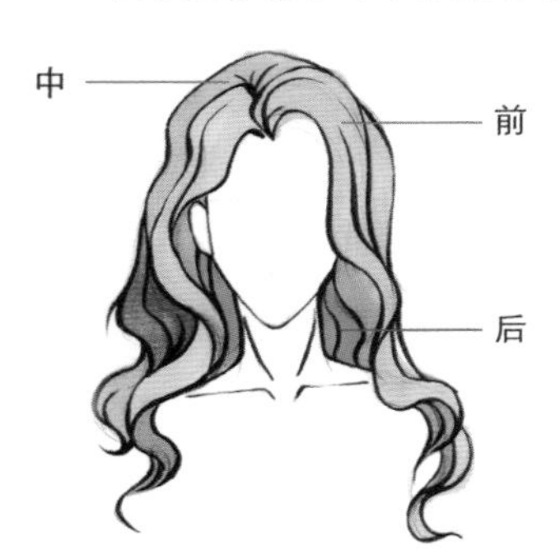

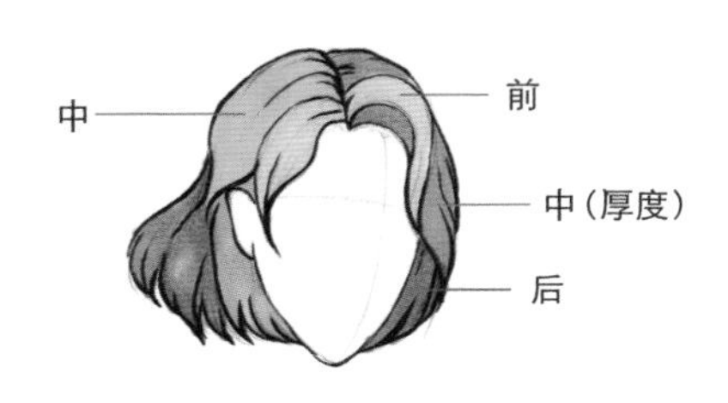

同色系里更深的颜色用来表现一缕头发中较厚的部分

重色一般在发根处和背光处

发型绘制步骤详解

1 先用HB或自动铅笔进行大轮廓的起稿，忽略细节。然后对人物头部的外轮廓起稿，切勿反复描摹，下笔要流畅。

2 将头发的前后关系进行区分，注意头发的走向，将五官进行大体起稿。

3 用铅笔对五官进行简单的描绘，为下一步头发的上色做准备。

4 选用黄色系及橘黄、橘红色系彩铅对头发进行整体铺色。注意区分起稿时头发的前后关系及明暗关系，头顶的头发较亮，耳后的头发较暗。

5 选用黄色系、棕色系和橘色系彩铅加深每缕头发的颜色，注意颜色变化及厚度的处理。

6 用同样的方法对头发的右半部分进行深入刻画。

7 用深棕色及黑色加重头发最深的部位，贴近脸部发际线的部位、耳后头发和头发中的背光处。调整画面细节，这个人物的头发就绘制完成了。

根据上述讲解的方法和步骤，练习下面的发型绘制。

2.5.2 五官讲解

在时装画中人物的脸是非常重要的一部分，我们只有画出一张美丽或帅气的脸才能使画面生动。要想画好一张脸，首先要了解脸部的基本比例，即三庭五眼，三庭是将面部长度分成3个等份，依次是从发际线到眉骨为一庭，眉骨到鼻底为一庭，鼻底到下额为一庭。五眼是以眼型长度为单位，从左侧发际线到右侧发际线将脸的宽度分为5个等份。

在起稿的时候可以按照三庭五眼的方法确定眉毛、眼睛、鼻子与嘴的位置，再进行细节的刻画，这样就不会出现五官聚拢或者间隙太大的情况。

1. 眼睛

眼睛是整个脸部的点睛之笔，画好眼睛会使画面活灵活现，时装画中的眼睛比现实中的眼睛要适当地夸张一些。眼睛由眼眶、眼睑和眼球三部分组成，大多数女性的眼睛外轮廓成平行四边形，外眼角高于内眼角。眼部能表达出模特的神情与个性，要反复练习不同眼睛的画法。

不同角度眼睛的画法

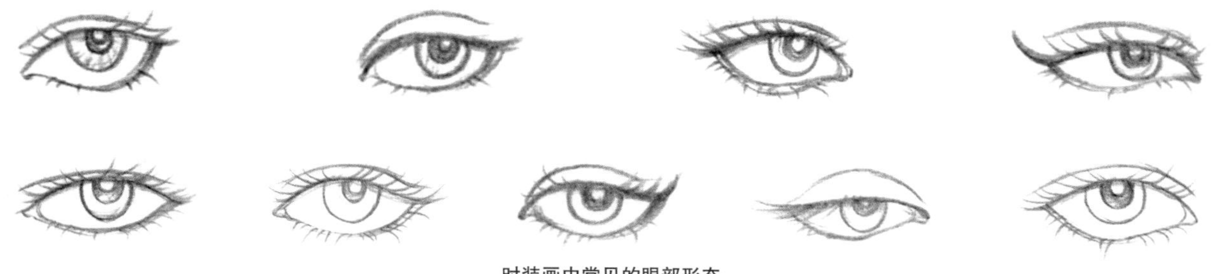

时装画中常见的眼部形态

2. 鼻子

鼻子处于脸部的中央位置，画的时候也要进行适当的夸张。将鼻子画得更加高挺，这样在视觉效果上会更加美观。时装画中的鼻子一般不用刻画细节，只要简单地画出鼻梁和鼻底就可以了，在画的过程中注意找准鼻子的位置，鼻子的造型和脸部要协调。

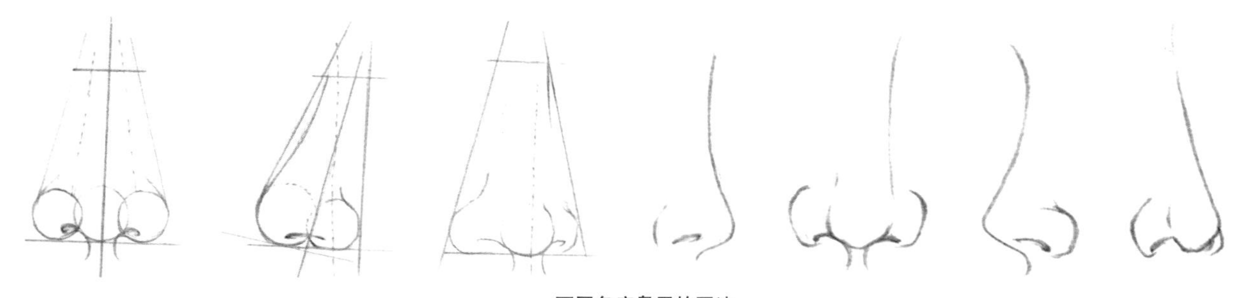

不同角度鼻子的画法

3. 嘴巴

嘴唇是体现模特个性的重要部位，它可以表达模特的情感，让人物更生动，是五官中变化最多的部位。画的时候上唇一般微微向前突出，要注意嘴的立体感及明暗虚实的变化，嘴的运动也会带来面部一系列的变化。

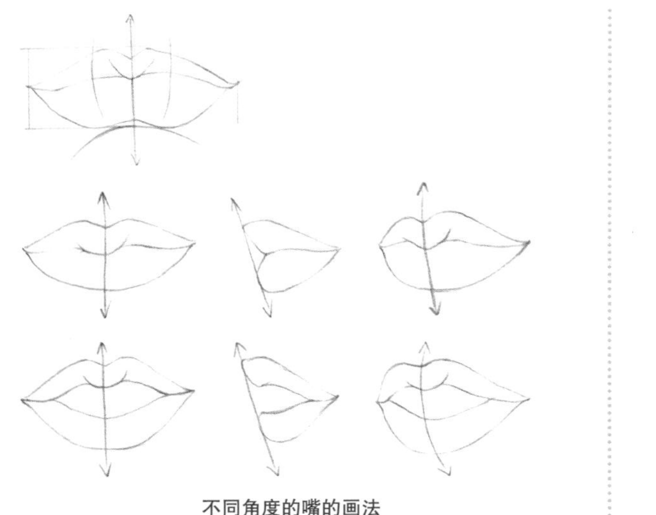

不同角度的嘴的画法

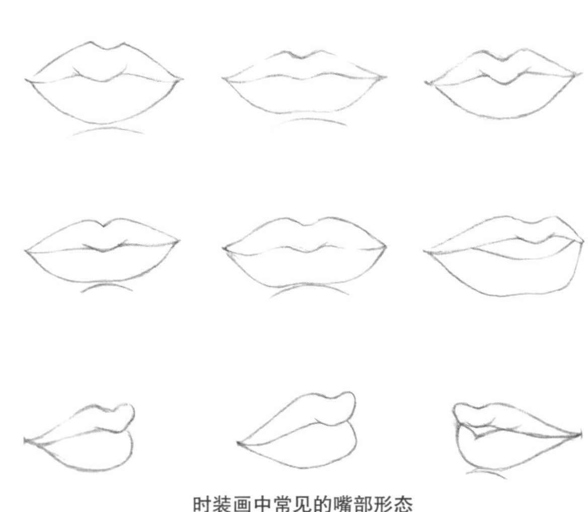

时装画中常见的嘴部形态

4. 耳朵

耳朵的位置在眉线到鼻底之间，在时装画中耳朵常被头发或帽子挡住，这种情况下我们可以简化或者省略，时装画中的耳朵一般不进行过多的刻画。

耳朵的基本结构与各角度耳朵的画法。

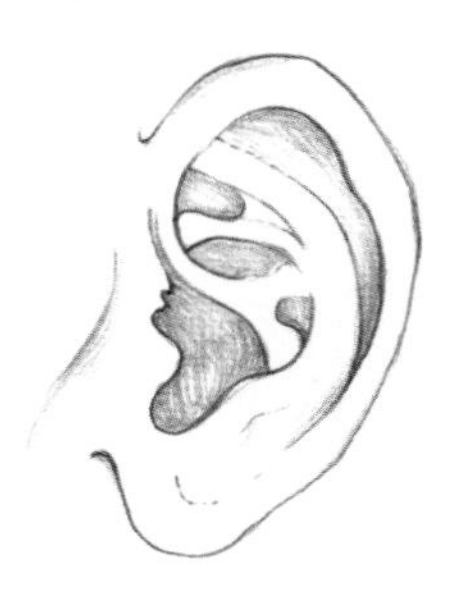
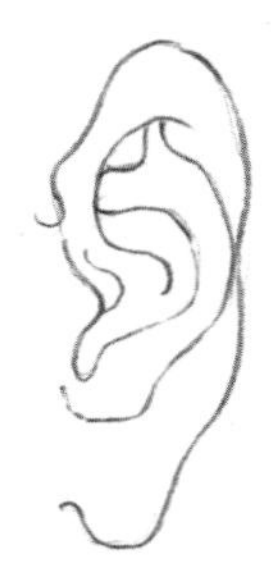
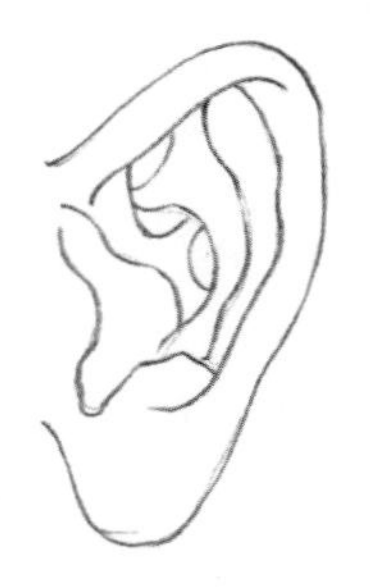
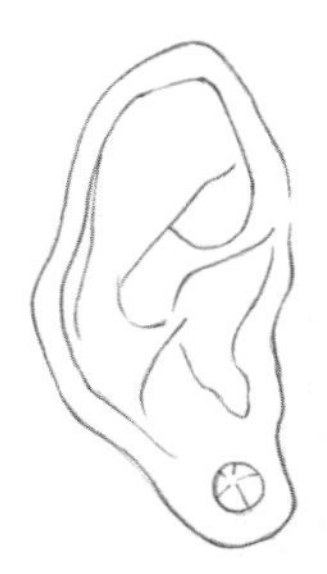

在了解了五官的绘制方法后，我们还是先进行分解练习，把每个部分都画到标准后再按照三庭五眼找准五官的位置，将它们结合到一起就能组成一张标准的脸。

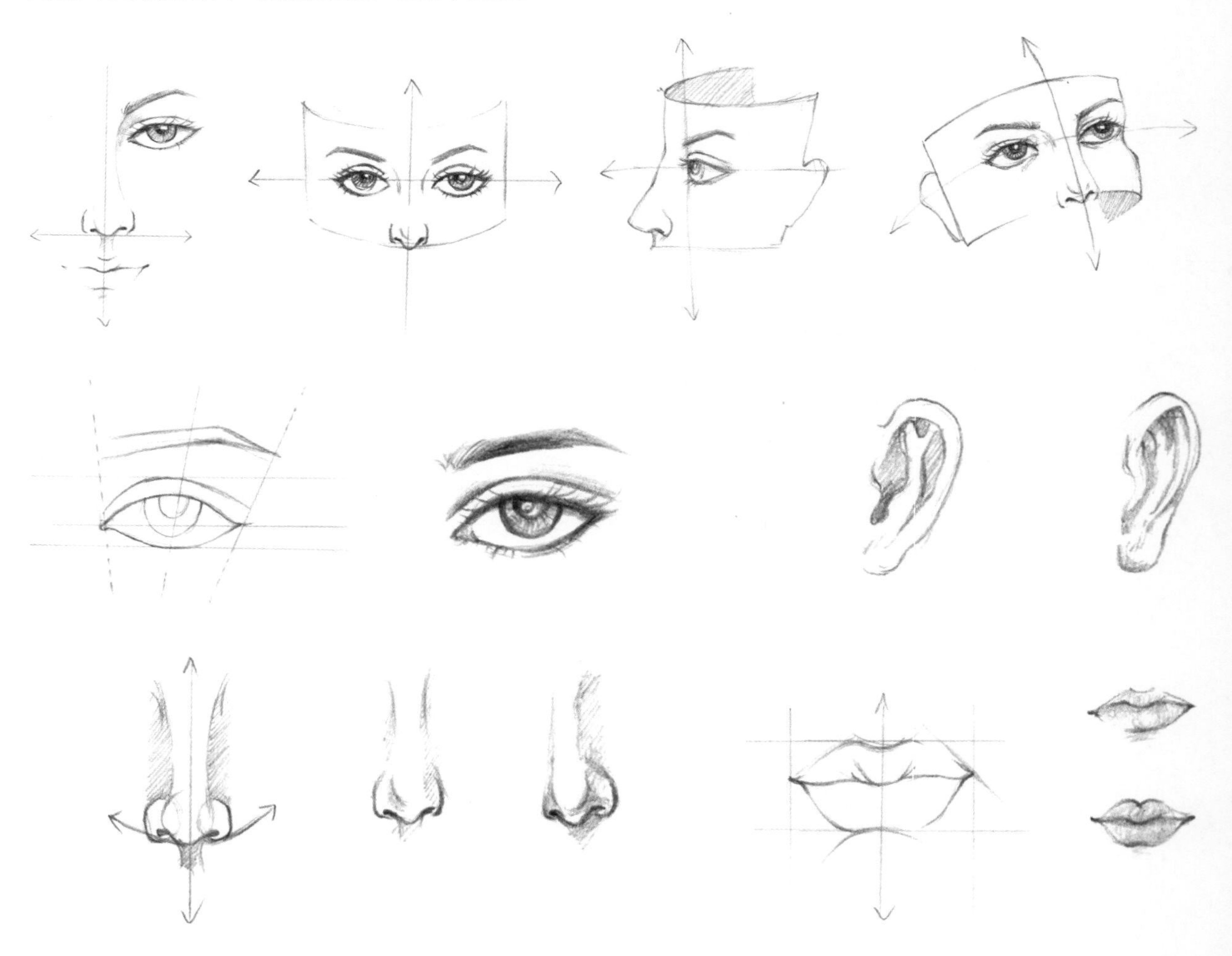

在练习完发型和五官的绘制后，我们可以将它们结合到一起进行头部的绘制，初学者可以先临摹，多加练习后再写生，这样会进步得很快。

头部绘制详解

1 先用HB或自动铅笔进行大轮廓的起稿，忽略细节部分。对人物头部外轮廓起稿，根据三庭五眼的位置大概定出眼睛、鼻子和嘴的位置，切勿反复描摹，要下笔流畅。

2 根据上一步的大轮廓进行细致的描画，画出头发的走向及五官的形状。

3 选用与肤色贴近的颜色对皮肤进行铺色，注意水与颜料的调和及铺色时的颜色过渡变化。

4 选用橘红色对头发进行铺色，加入少量黄色在亮部进行晕染。选用深蓝色系对衣服部分进行铺色。

5 对五官进行铺色，并加重头发部分的刻画，同时给头发上的装饰物进行铺色。

6 深入刻画五官，加深眼窝处，注意颜色的调和。加重瞳孔及眉毛，选用大红色画嘴唇，选用深棕色加深头发的暗部，并对细节进行整体的刻画。

7 点上瞳孔、头发上的装饰物和衣服上的高光，这个人物的头部就绘制完成了。

03 CHAPTER

配饰画法及服装褶皱表现

3.1 时装画常见配饰分类

配饰在时装画中是很重要的一部分，配饰的绘制和表达可以烘托出整体画面的气氛，丰富画面的细节与美观性。我们要根据服装的款式、色调来搭配配饰，使其更加完美、统一，画面也更加和谐。

服装配饰有时也会成为时装画中的亮点，这一章将讲解配饰的手绘方法。

时装画中服饰的配件包括很多种，头部包含帽子、发带和耳坠等。

肩部包含围巾、丝巾和披肩等。

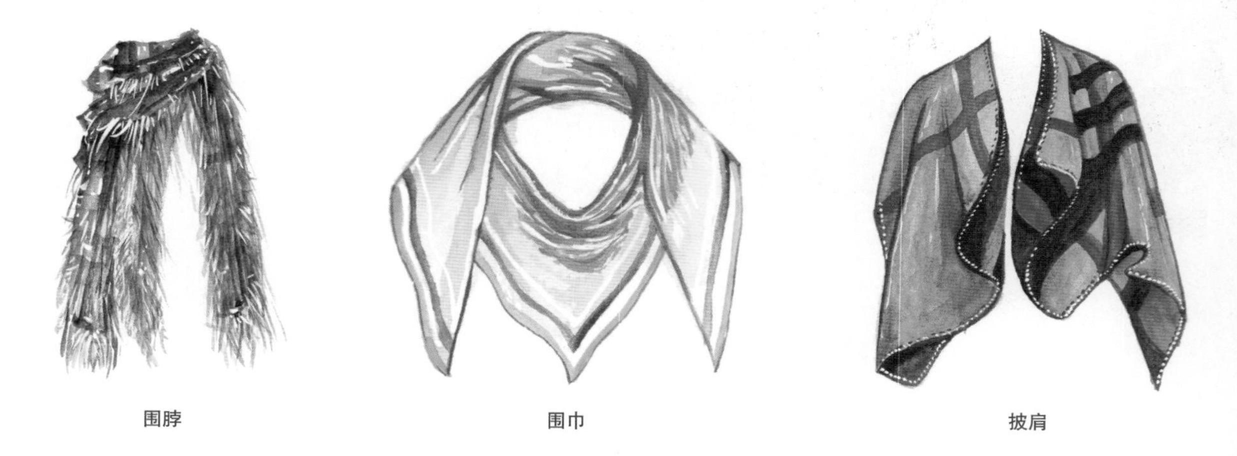

胸饰包含项链和胸针等。

项链

胸针

腰饰包含腰带和腰封等。

腰封

腰带

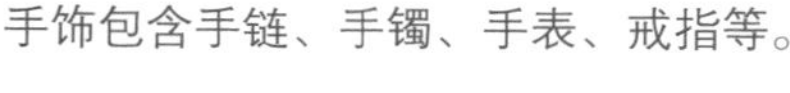

手饰包含手链、手镯、手表、戒指等。

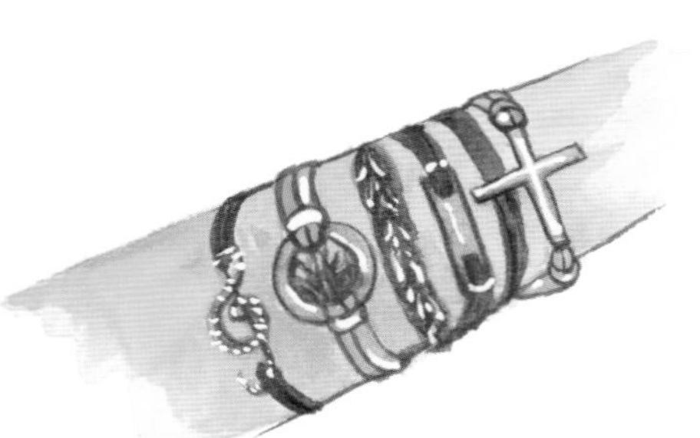

脚饰有鞋子、袜子等。

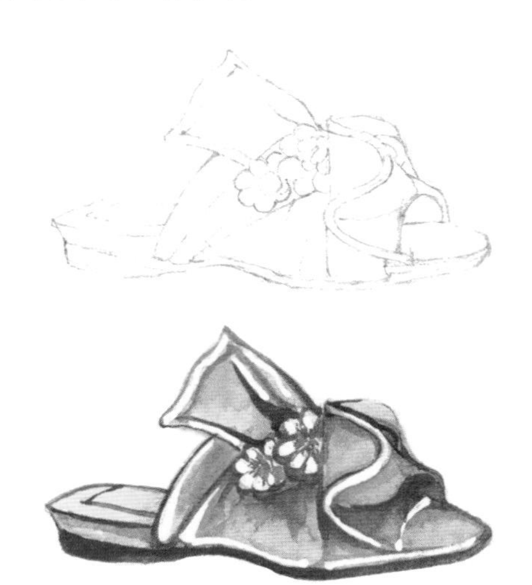

其他装饰品包含各种样式的包。

3.2 配饰线稿的绘制与上色

我们在绘画的过程中要注意每个配饰都要随着人的形态走，注意透视变化和造型的准确性。

在这里我将配饰分成几个大类，分别给大家进行讲解，包括包类、鞋类、帽子类、首饰类和其他类配饰。

3.2.1 箱包类配饰的绘制方法

在画包的时候我们要注意包的前后关系及透视关系，包要随着人物形态的变化而变化。包带可以是手提的或者是挂在肩上的，有的包上面有很多的装饰，在绘制的时候要注意对装饰品的表达，这样有助于丰富画面。

QUEEN
QUEEN

1. 手提包款式一

工具：毛笔、水彩纸、水彩颜料、白墨水、勾线笔

1 先用HB铅笔进行起稿，保持纸面的干净。用力不要过大，力度掌握在自己能看清线条即可；线条要流畅，不要反复擦拭纸面。

2 选用黄色系水彩颜料对包进行铺色，可以选择中黄为主要颜色。根据自己的喜好加淡黄、柠檬黄或其他黄色系进行晕染，这样会使包的颜色更加丰富。

3 加重包的暗部及边缘线的刻画，选用深棕、墨绿等颜色进行调色，尽量不要用纯黑色。可以在包的底面加一点背景进行衬托。

4 等纸面干透后绘制包上面的图案装饰，选用普通勾线笔对装饰图案进行刻画。

5 用小号毛笔蘸取白墨水，点包上面的高光部分及带子上的高光部分。等白墨水干透后，这个包的绘制就完成了。

2. 手提包款式二

工具：毛笔、水彩纸、水彩颜料、面巾纸、白墨水

1 用HB铅笔进行起稿，保持纸面的干净。不要用力过大，线条力度掌握在自己能看清即可；线条要流畅，不要反复擦拭纸面。

2 选用蓝色系颜料中你喜欢的颜色进行铺色，铺色过程中可以加入其他的蓝色进行晕染，使画面更加丰富。注意留白的地方不要浸染上颜色，铺完色后用面巾纸在留白边缘处进行点擦，制造出云朵的肌理感。

3 加重暗部及边缘线的刻画，选用相对较深的蓝色加重云朵以外的暗部。将帽子图案处用灰色系进行铺色，注意不要和蓝色混在一起，然后用面巾纸进行点擦，可以选用带有沉淀效果的水彩颜料。

4 加重暗部和细节的刻画，边缘上用勾线笔进行装饰线部分的刻画。

5 用小号毛笔蘸取白墨水，点包上面的高光部分及带子上的高光部分。等白墨水干透后，这个包的绘制就完成了。

3. 手提包款式三

工具：毛笔、水彩纸、水彩颜料、白墨水

1 用HB铅笔起稿，保持纸面的干净，线条要流畅，起稿过程中注意包的结构。

2 选用灰色系颜色进行铺色，可以加入少量蓝紫色系颜色或同类色进行晕染，使画面更加丰富。选用中黄对带子和包身上的装饰品进行铺色，注意不要与包身颜色混在一起。

3 加重暗部及边缘线的刻画，选用橘色系的颜色加重包带底部，画出体积感。然后丰富包面上的装饰图案，选用红色系颜色进行刻画。

4 加重暗部和细节的刻画，然后画出包面上装饰品的暗部。

5 用小号毛笔蘸取白墨水，点包上面的高光部分及带子上的高光部分。等白墨水干透后，这个包的绘制就完成了。

根据上述讲解的方法和步骤，练习下面的皮包绘制过程。

3.2.2 鞋类配饰的绘制方法

画鞋的时候要注意脚穿着鞋时的前后关系及透视关系，鞋要随着人物动态的变化而变化。不同材质的鞋有不同的画法。在绘制的时候要注意对鞋上装饰品的表达，这样有助于丰富画面。

1. 绒毛高跟凉鞋

工具：毛笔、水彩纸、水彩颜料、白墨水

1 用HB铅笔进行起稿，保持纸面的干净，线条要流畅，注意鞋的结构。

2 选用红色系颜色进行铺色，可加入同类色进行晕染，注意颜色深浅的变化。铺色过程中不要过于一致，画出鞋上羽毛质感的装饰线条。

3 加重鞋暗部及边缘线的刻画，找出羽毛质感装饰线条中的暗部，用深红色系颜色进行加重。画出鞋上的纽扣部分。

4 用小号毛笔蘸取白墨水，点鞋上面的高光部分，然后等白墨水干透。

2. 矮跟凉鞋

工具：毛笔、水彩纸、水彩颜料、白墨水

1 用HB铅笔起稿，保持纸面的干净，线条要流畅，注意鞋的结构。

2 选用黄色系颜色进行铺色，可加入同类色进行晕染。各部分的铺色不要过于一致，可在鞋头和鞋跟处加入稍深一点的黄色进行晕染。

3 加重鞋暗部及边缘线的刻画，选用棕色系颜色画出鞋里面的部分，塑造鞋的体积感。选用深棕色勾鞋身部分的边线，鞋跟处选用深灰色进行勾线。

4 用小号毛笔蘸取白墨水，点鞋上面的高光部分。

根据上述讲解的方法和步骤，练习下面的鞋子绘制过程。

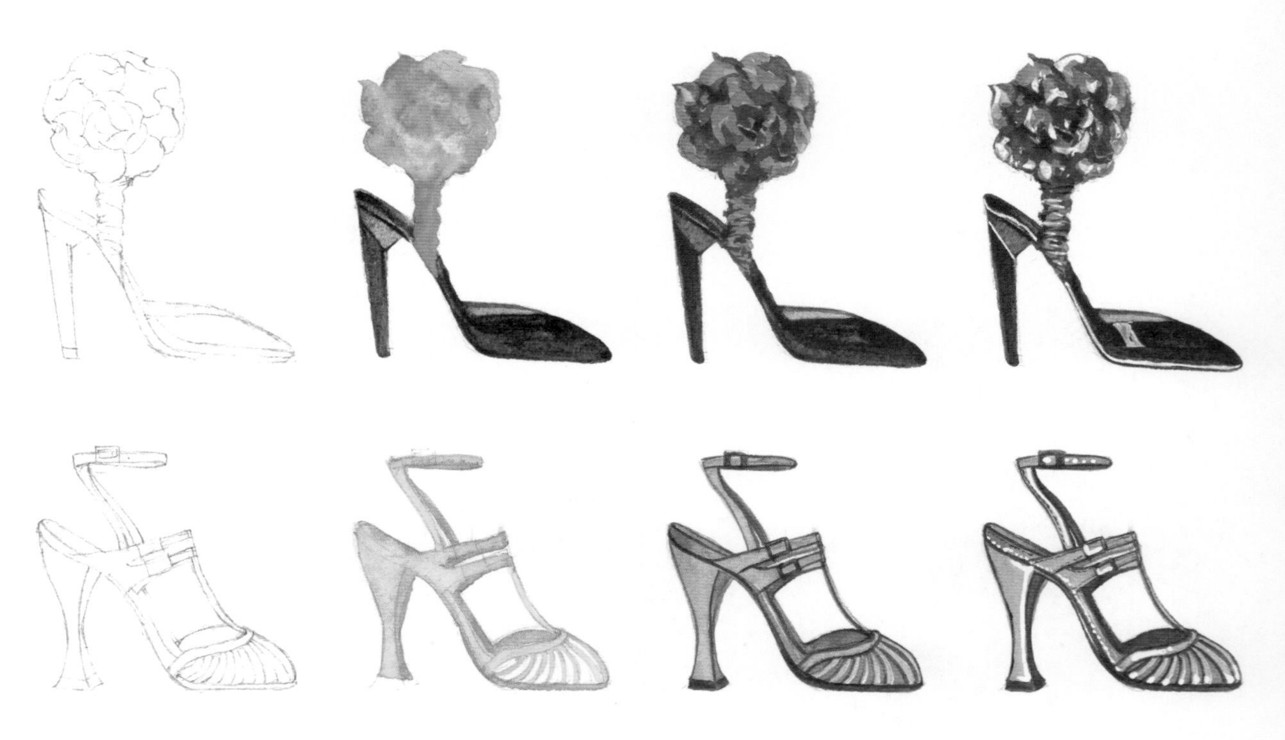

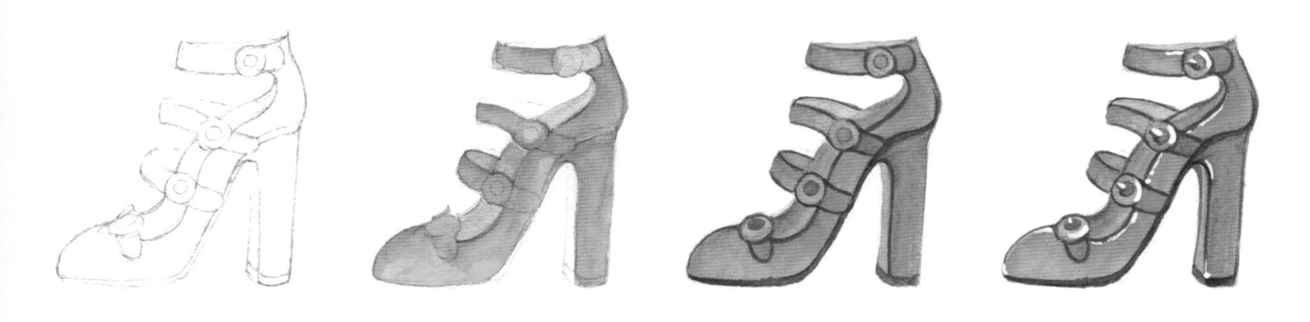

3.2.3 帽类配饰的绘制方法

在画帽子的时候我们要注意帽子与头部结构的关系，随着人物头部的不同形态而进行相应的变化，时装画中的帽子更多的是相对夸张地进行表达，这样会使画面更有视觉冲击力。

1. 帽子款式一

工具：毛笔、水彩纸、水彩颜料、白墨水

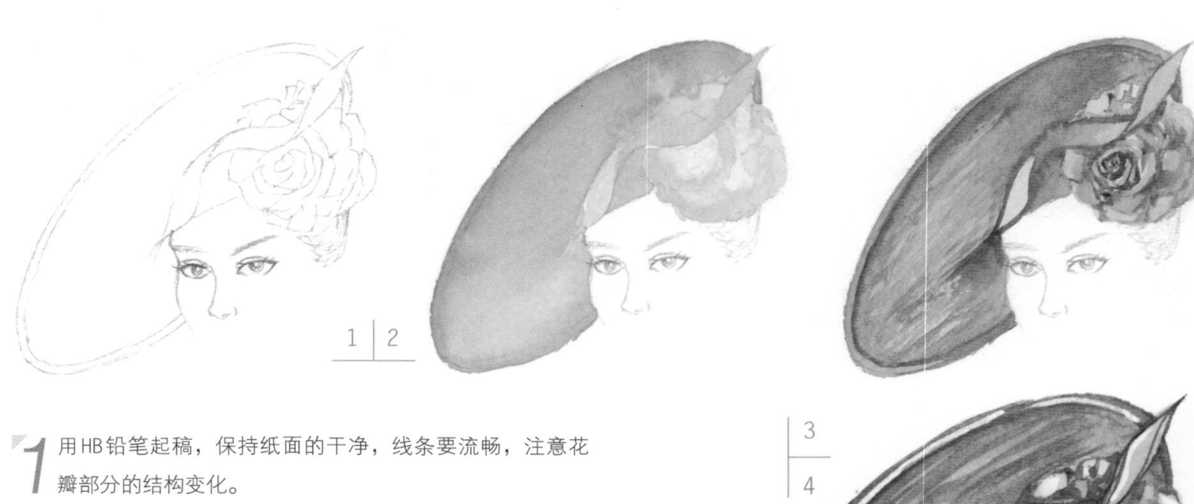

1 用HB铅笔起稿，保持纸面的干净，线条要流畅，注意花瓣部分的结构变化。

2 选用绿色系颜色进行铺色，可以加入同色系或柠檬黄进行晕染。铺色时花瓣部分的颜色不要过于统一，可以让其更丰富一些。

3 加重帽子暗部及边缘线，对花朵中暗面的花瓣加深颜色，塑造花朵和帽子的体积感。毛笔保持干燥，蘸取一点深绿色，运用枯笔法画出帽子上的纹理部分。

4 用小号毛笔蘸取白墨水，画出帽子上的高光，然后点出花朵上的高光。

2. 帽子款式二

工具：毛笔、水彩纸、水彩颜料、白墨水

1 用HB铅笔起稿，保持纸面的干净，线条要流畅。注意帽子的形态是根据人的头部形态而变化的，这个帽子是斜戴在头上的。

2 选用红色系颜色进行铺色，可以加入同色系进行晕染。铺色时不要过于统一，应利用水彩的自然效果进行晕染。帽子上的装饰叶子比帽身颜色要浅一点，方便下一步的刻画。

3 加重帽子暗部及边缘线，选用棕色加一点红色进行调和，画出帽檐中的暗部。然后用这个颜色加深装饰叶子中的暗部，对装饰叶子进行细节的刻画。

4 用小号毛笔蘸取白墨水，画出帽子上的高光部分，然后点出叶子上的高光部分。

根据上述讲解的方法和步骤，练习下面的帽子绘制过程。

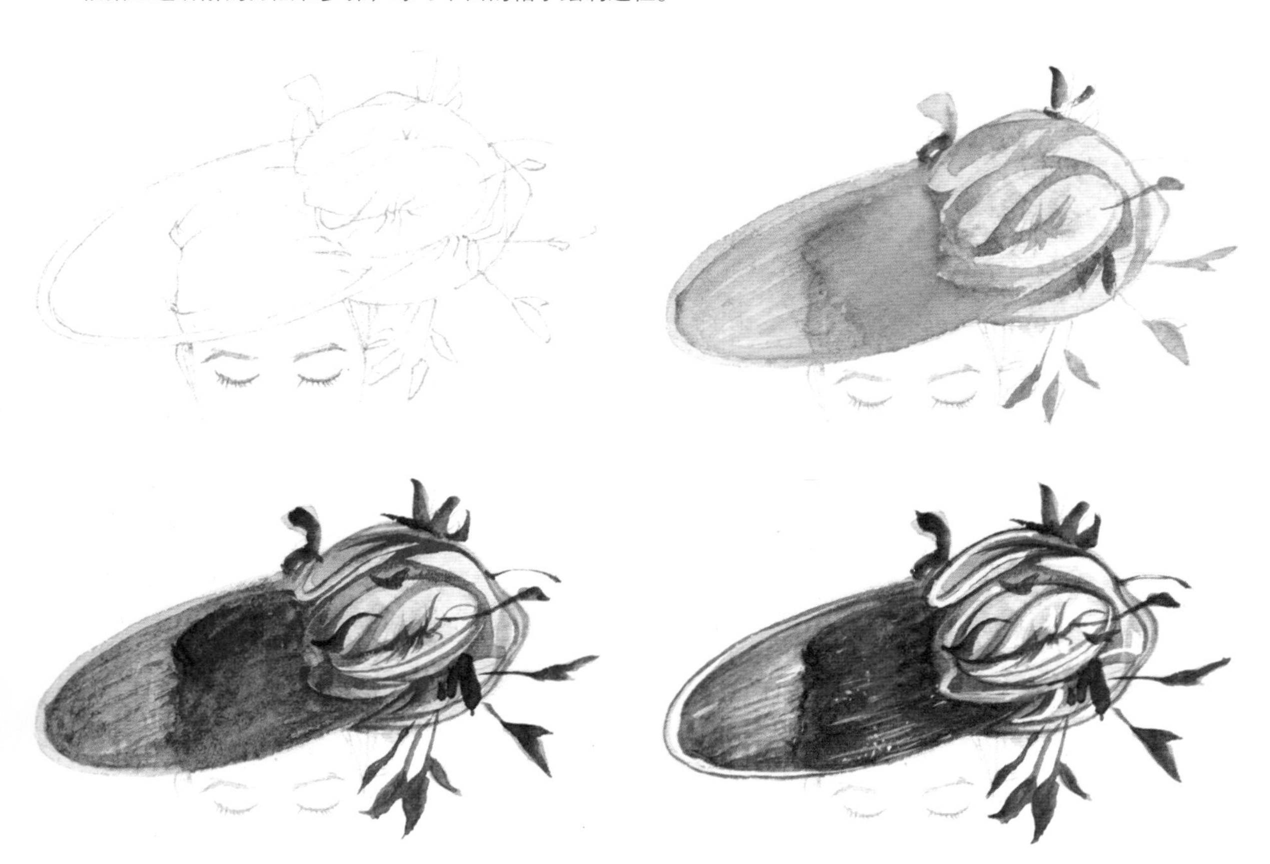

3.2.4 首饰类配饰的绘制方法

首饰按照人体佩戴的不同部位可以分成很多种，下面一一讲解不同的首饰将如何上色。

1. 手链

工具：毛笔、水彩纸、水彩颜料、白墨水

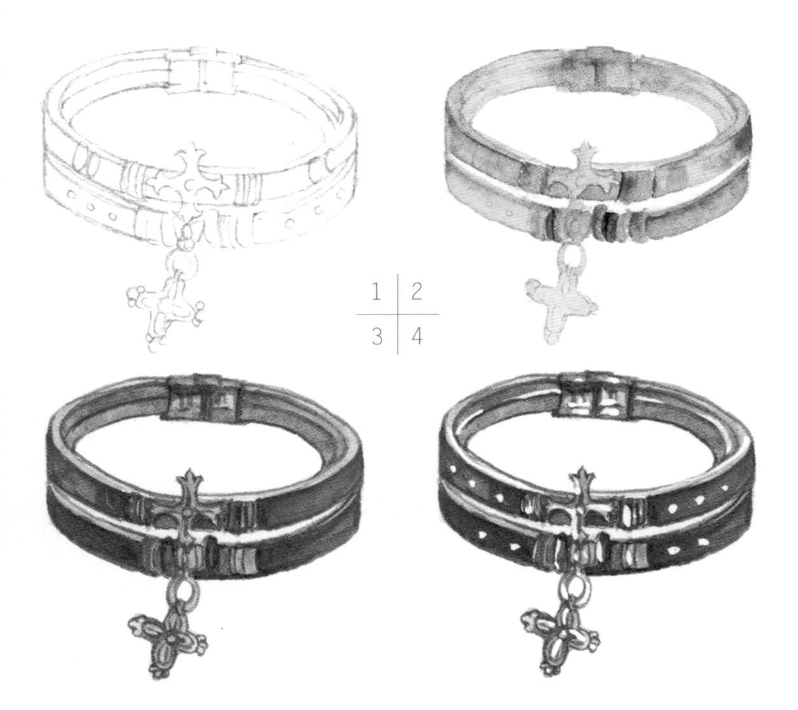

1 用HB铅笔进行起稿，保持纸面的干净，线条要流畅。注意手链的前后关系和手链上装饰品的细节部分。

2 选用棕色系进行铺色，可以加入同色系颜色或红色进行晕染，然后选择适合的颜色对手链上的装饰物进行铺色。

3 加重手链暗部及边缘线，对手链上装饰物和细节部分进行深入刻画。

4 用小号毛笔蘸取白墨水，画出手链上的高光部分。等白墨水干透后，这个手链的绘制就完成了。

根据上述讲解的方法和步骤，练习下面的手链绘制过程。

2. 戒指

工具：毛笔、水彩纸、水彩颜料、白墨水

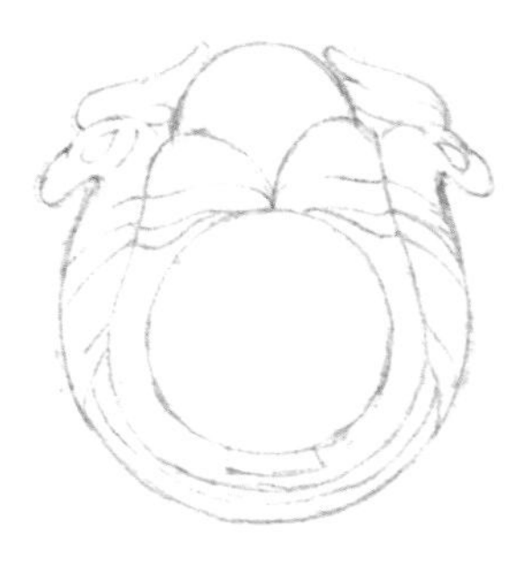

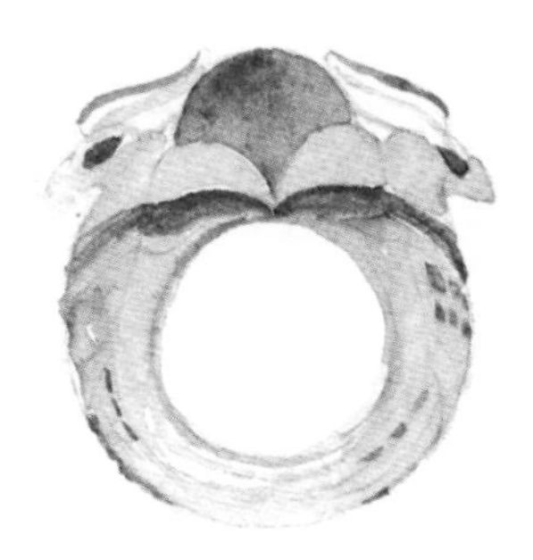

1 用HB铅笔进行起稿，保持纸面的干净，线条要流畅。注意起稿时戒指的左右要对称。

2 选用灰色系进行铺色，再选用蓝色进行点缀，并给戒指上的宝石铺色。

3 加重戒指暗部及边缘线，对戒指上的装饰物和细节部分进行深入刻画，注意戒指上宝石的明暗关系。

4 用小号毛笔蘸取白墨水，画出戒指上的高光部分。

根据上述讲解的方法和步骤，练习下面的戒指绘制过程。

3. 耳坠

工具：毛笔、水彩纸、水彩颜料、白墨水

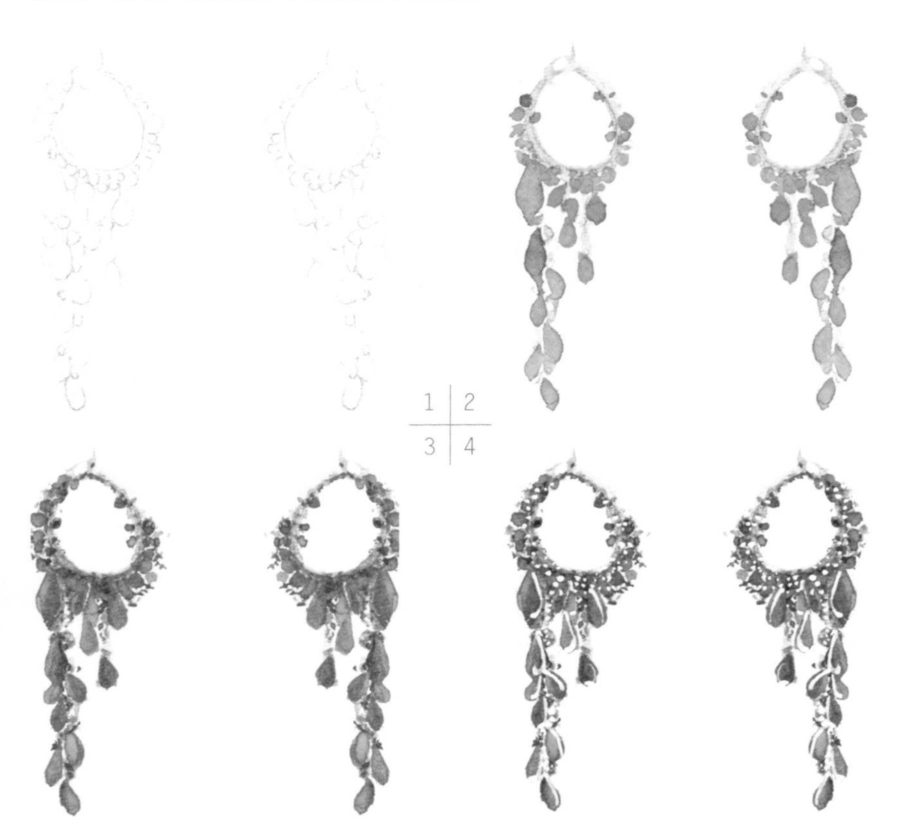

1 用HB铅笔进行起稿，保持纸面的干净，线条要流畅。注意耳坠上的装饰珠要错落有致，不要一成不变。

2 选用绿系进行铺色，用黄色进行点缀。

3 加深耳坠暗部及边缘线，对耳坠上的装饰珠和细节部分进行深入刻画。

4 用小号毛笔蘸取白墨水，画出耳坠上的高光。

根据上述讲解的方法和步骤，练习下面的耳坠绘制过程。

4. 项链

工具：毛笔、水彩纸、水彩颜料、白墨水

1 用HB铅笔进行起稿，保持纸面的干净，线条要流畅，注意项链上装饰物的细节部分。

2 选用黄色系对项链整体进行铺色。

3 加入棕色或红色进行晕染，加重项链暗部及边缘线，对项链进行细节的刻画。

4 用小号毛笔蘸取白墨水，画出项链上的高光部分。

根据上述讲解的方法和步骤，练习下面的项链绘制过程。

3.2.5 其他类配饰的绘制方法

1. 围巾

工具：毛笔、水彩纸、水彩颜料、白墨水

1 用HB铅笔进行起稿，保持纸面的干净，线条要流畅，注意围巾褶皱及前后关系的变化。

2 选用红色系颜色进行铺色，亮部加入少量黄色进行晕染，然后用面巾纸轻轻按压出一些肌理感。

3 选用玫红等颜色用来加重围巾暗部及边缘线。

4 选用深棕或深灰色画出围巾上的花纹部分。然后用小号毛笔蘸取白墨水，画出围巾上的高光。

根据上述讲解的方法和步骤，练习下面的围巾绘制过程。

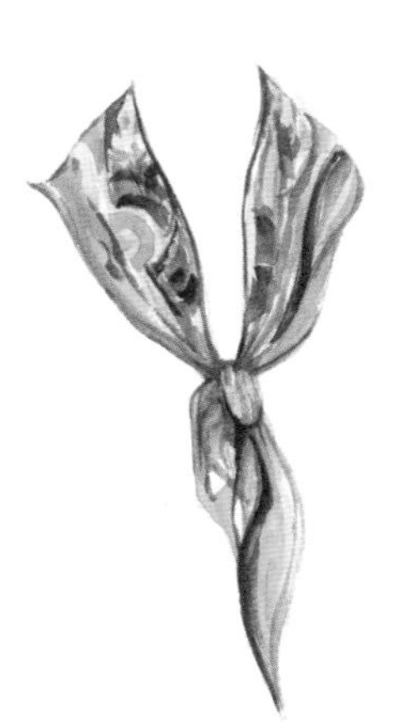

2. 腰封

工具：毛笔、水彩纸、水彩颜料、白墨水

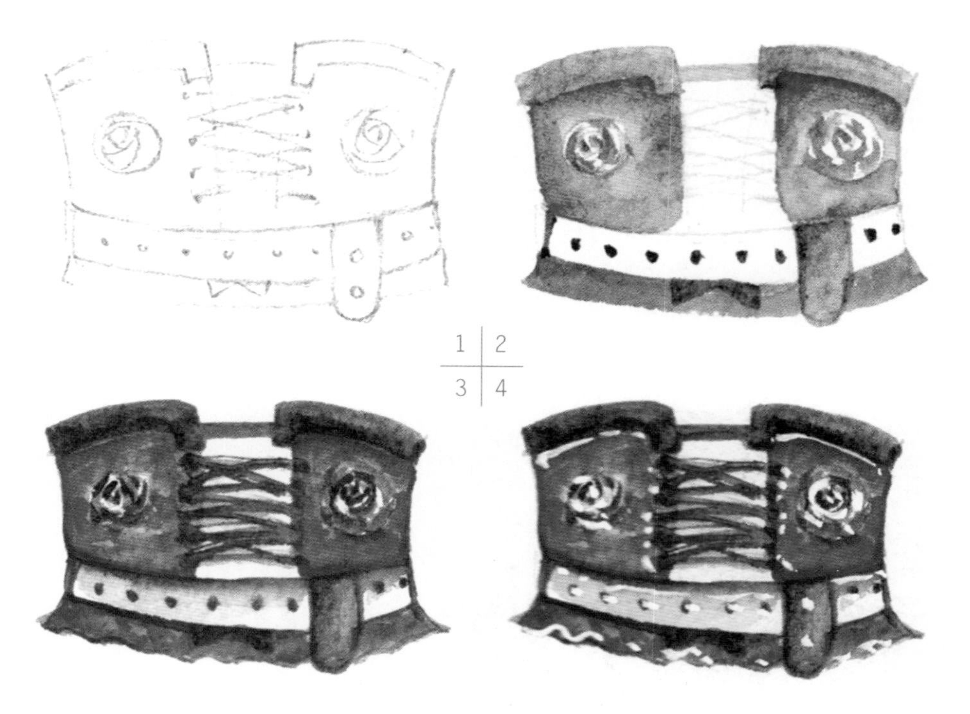

1 用HB铅笔进行起稿，保持纸面的干净，线条要流畅。在时装画中我们要注意腰封是随着腰的形态变化而变化的。

2 选用棕色进行铺色，然后选用蓝色、绿色进行点缀。

3 画出腰封上的绑带部分，加重腰封暗部及边缘线，再对腰封上的装饰物和细节部分进行深入的刻画。

4 用小号毛笔蘸取白墨水，画出腰封上的高光部分。

3. 墨镜

工具：毛笔、水彩纸、水彩颜料、白墨水

1 用HB铅笔进行起稿，保持纸面的干净，线条要流畅，并且要注意墨镜的透视关系。

2 选用棕色给墨镜的镜片进行铺色，选用黄色给墨镜的边框进行铺色。

3 加重墨镜暗部及边缘线，对墨镜的边框进行深入刻画。

4 用小号毛笔蘸取白墨水，画出墨镜上的高光部分。

3.3 服装褶皱的画法

在时装画中，服装的褶皱是随着人体的结构或人体动态的变化而变化的，服装的褶皱多出现在关节处，如肩部、肘部和胯部等。当然，服装的褶皱还包括一些装饰荷叶边的褶皱等。

虽然服装上的褶皱有很多变化，但是也是有规律的，只要掌握画褶皱的规律就可以运用自如了。

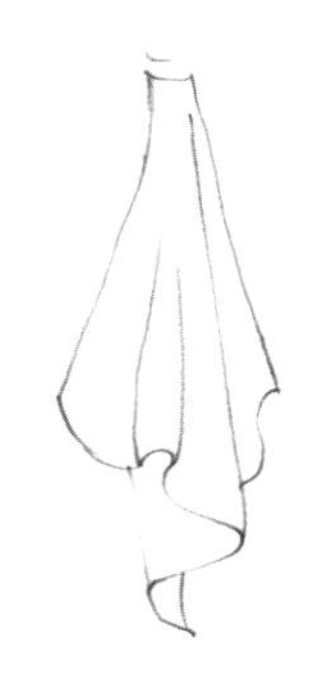

常见褶皱

常见衣褶形式

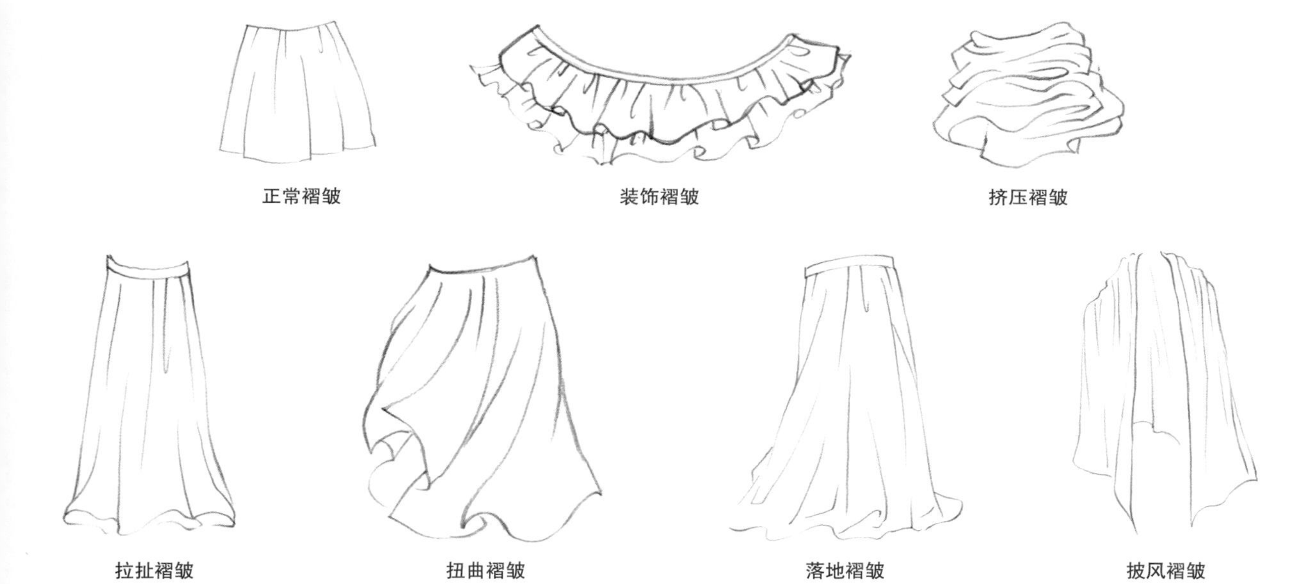

正常褶皱　装饰褶皱　挤压褶皱

拉扯褶皱　扭曲褶皱　落地褶皱　披风褶皱

在画衣服的褶皱时我们要注意以下3点。

（1）简练。运用流畅、肯定的线条来画服装褶皱中的主要线条，并剔除多余的真实线条，这样才能画出具有美感的服装，切忌反复描摹，下笔不肯定。

（2）真实。这里所说的真实不是传统的写实画法，在时装画中服装的褶皱要按照人体的结构和动态进行绘画。不同材质的服装要运用不同的线条来表达不同质感，也可以进行适当的夸张使画面更具视觉冲击力。

（3）富有变化。利用线条的变化使我们的画面富有动感和韵律，比如裙子可以随风飞扬，流苏可以任意摆动，等等。

接下来给大家讲解时装画中常见的服装褶皱画法。

首先将时装画中常见的服装褶皱分为3大类：自然褶、规律褶和装饰褶。

3.3.1 自然褶

自然褶是通过折叠、挤压或其他无规律变化形成的褶皱。

在画自然褶的时候要注意线条的流畅性。由于自然褶的随机性比较大，因此在画的过程中我们要思考自然褶中的哪些线条是主要线条，每条线应该如何表达。我们可以用普通曲线、弯钩曲线和V形曲线这3种画褶皱常用的基础线进行绘制，注意下笔流畅，切忌反复描摹。

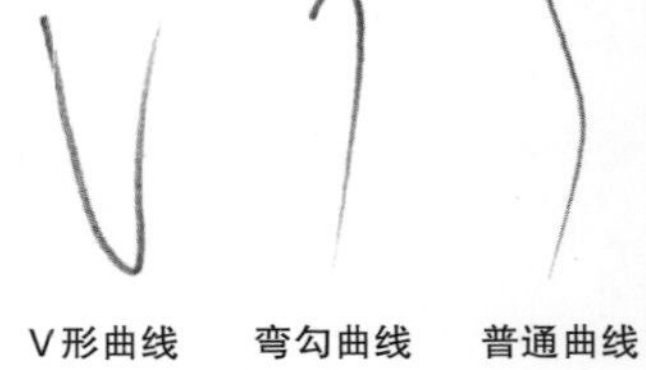

3.3.2 规律褶

规律褶是经过工艺处理在服装上形成的固定褶皱。

在画规律褶的时候，我们要注意经过不同工艺所制造的服装的褶皱是不同的，规律褶绘制起来也有一定的规律，只有掌握好我们要画的服装的褶皱规律，才有可能很好地表达出这个服装的质感。

3.3.3 装饰褶

在服装中常常用到类似于荷叶边的褶皱，我们将其统称为装饰褶。

在画装饰褶的时候要注意其装饰性，它不同于其他褶皱，它是服装通过人体结构的动态变化而形成的褶皱，装饰褶的意义更多地存在于对服装装饰上的表达，在画装饰褶的时候要注意装饰褶与服装本身的关系，画出和谐、美观的状态。

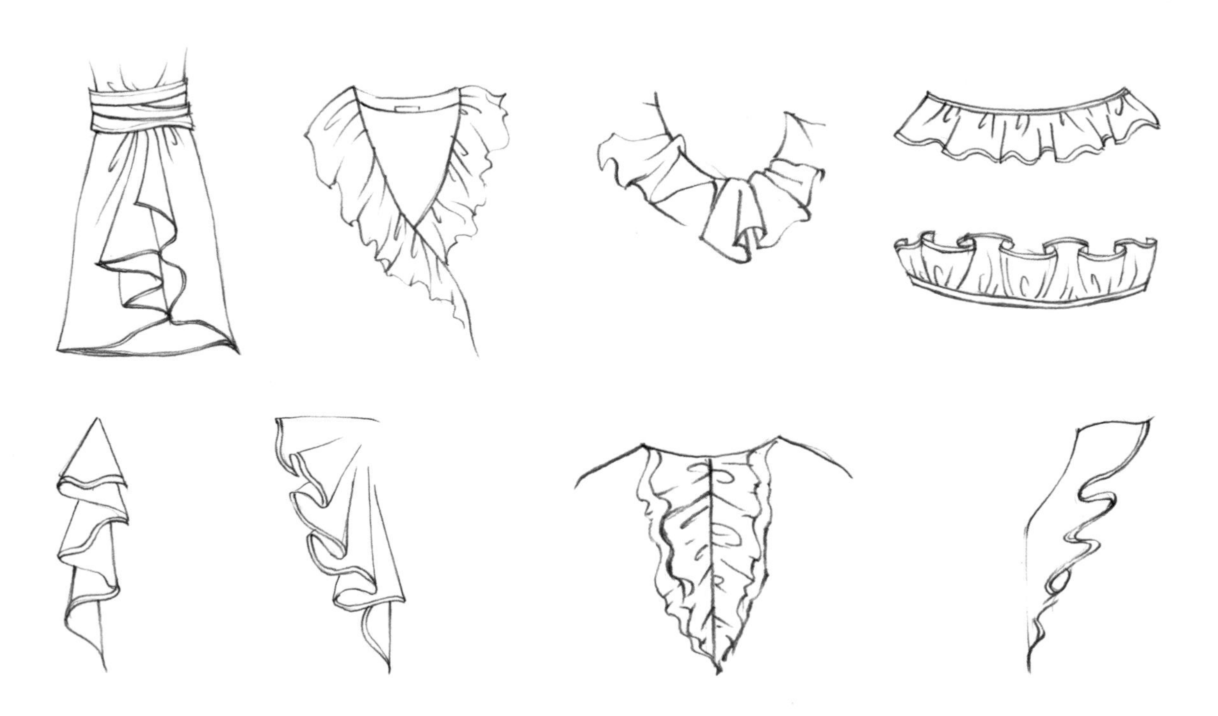

3.4 时装画参考素材

下面列举了多种分类的参考素材，以便读者临摹。在没有灵感时可以多看看下面这些图例。

上衣

裙子

裙子

裤子

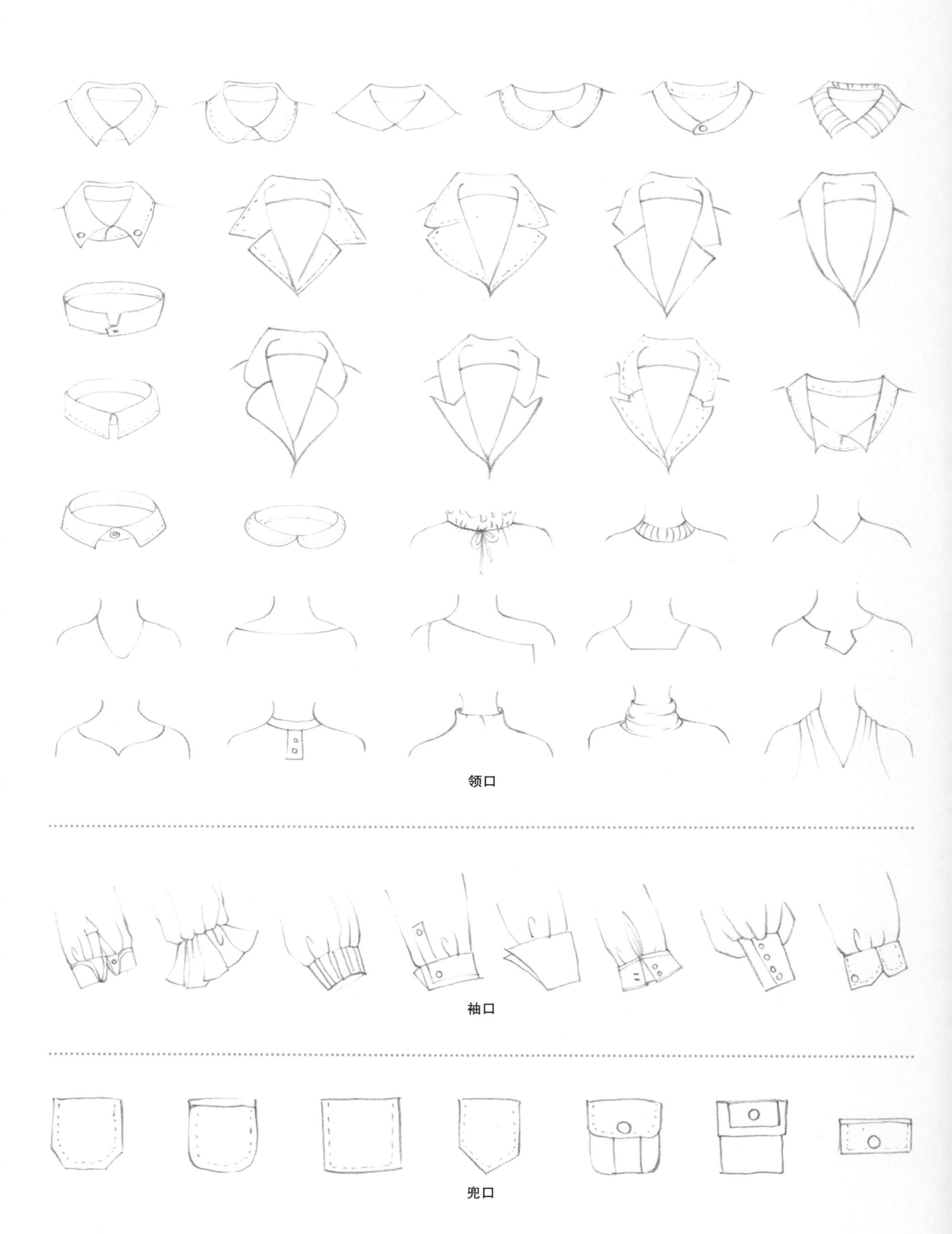
领口
袖口
兜口

兜口

服装配饰

服装配饰

鞋子

04 CHAPTER

特殊材料在时装画中的应用

4.1 亮片的使用

在时装画中，我们可以尝试使用颜料以外的特殊材料与时装画进行搭配，比如美甲亮片或者DIY手工使用的亮片等，将亮片与颜料结合在一起会产生意想不到的效果，接下来给大家讲解亮片在时装画中的使用方法。

4.1.1 亮片在时装画中的使用方法

准备工具：美甲亮片、DIY亮片、异形亮片、岩彩画胶液、水彩、颜料、毛笔

1 用铅笔在水彩纸上起稿。下笔要流畅，不要反复描摹。

2 选用绿色系颜料对服装进行铺色，注意颜料与水的调和晕染，薄纱质感的地方多加一些水，使颜色淡一些。

3 加重服装暗部，并刻画细节。然后用高光笔或白墨水点出服装上装饰部分的细节及高光。

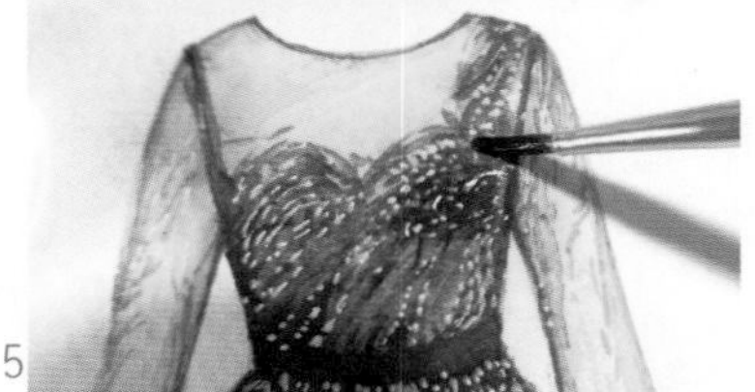

4 拿出准备好的亮片、毛笔及亮片工具中自带的小刷子。选用普通毛笔即可，因为岩彩画胶液对毛笔有一定的损伤。

5 等画面完全干透后，用毛笔蘸取岩彩画胶液，以点涂的形式点在需要粘亮片的地方。切记不可像铺色那样涂抹，否则会和颜料混在一起，弄脏画面。

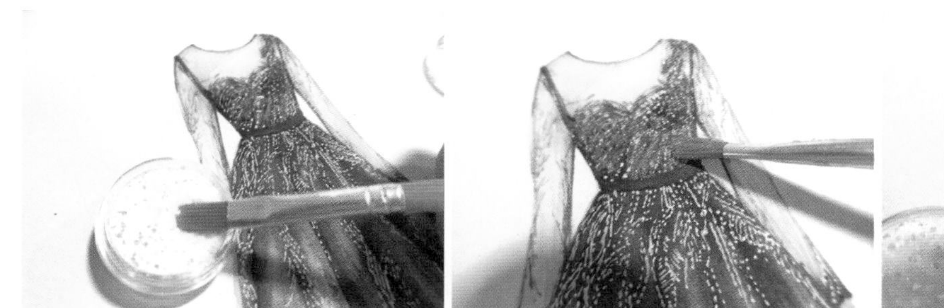

6 用小刷子或普通毛笔蘸取白色亮片贴在点涂岩彩画胶液的地方，也是用打点的方法点上去，不要来回涂抹，等干透后亮片就会完全粘在画面上。

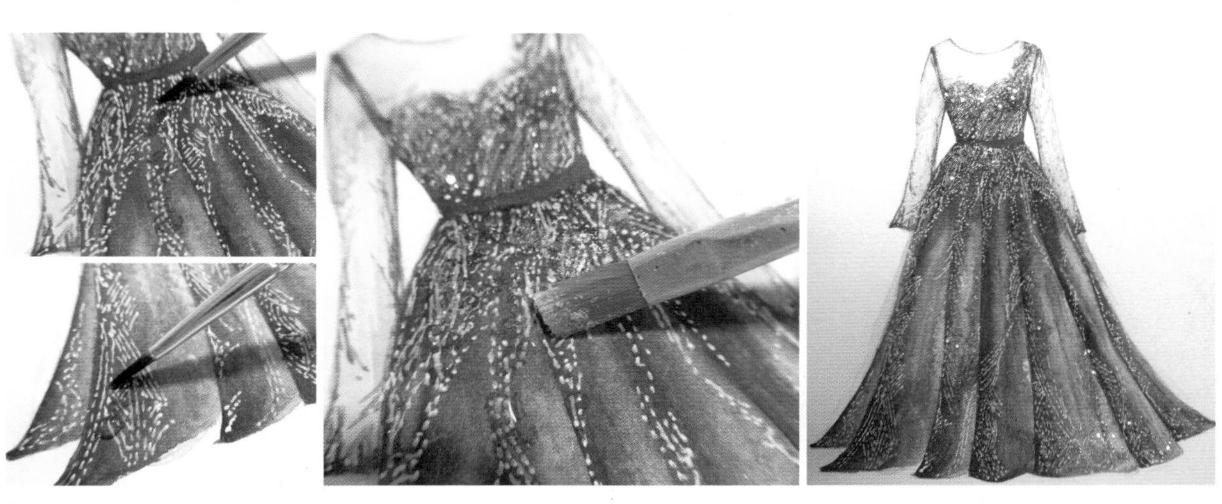

7 用同样的方法把其他需要粘贴亮片的地方粘上亮片。

8 等第一层亮片完全干透之后，继续用岩彩画胶液粘贴银色亮片进行装饰。

9 等亮片完全干透后，这件服装的绘制就完成了。蘸取岩彩画胶液的毛笔记得要清洗干净，以备下次使用。

根据上面讲解的使用方法，临摹下面的案例。

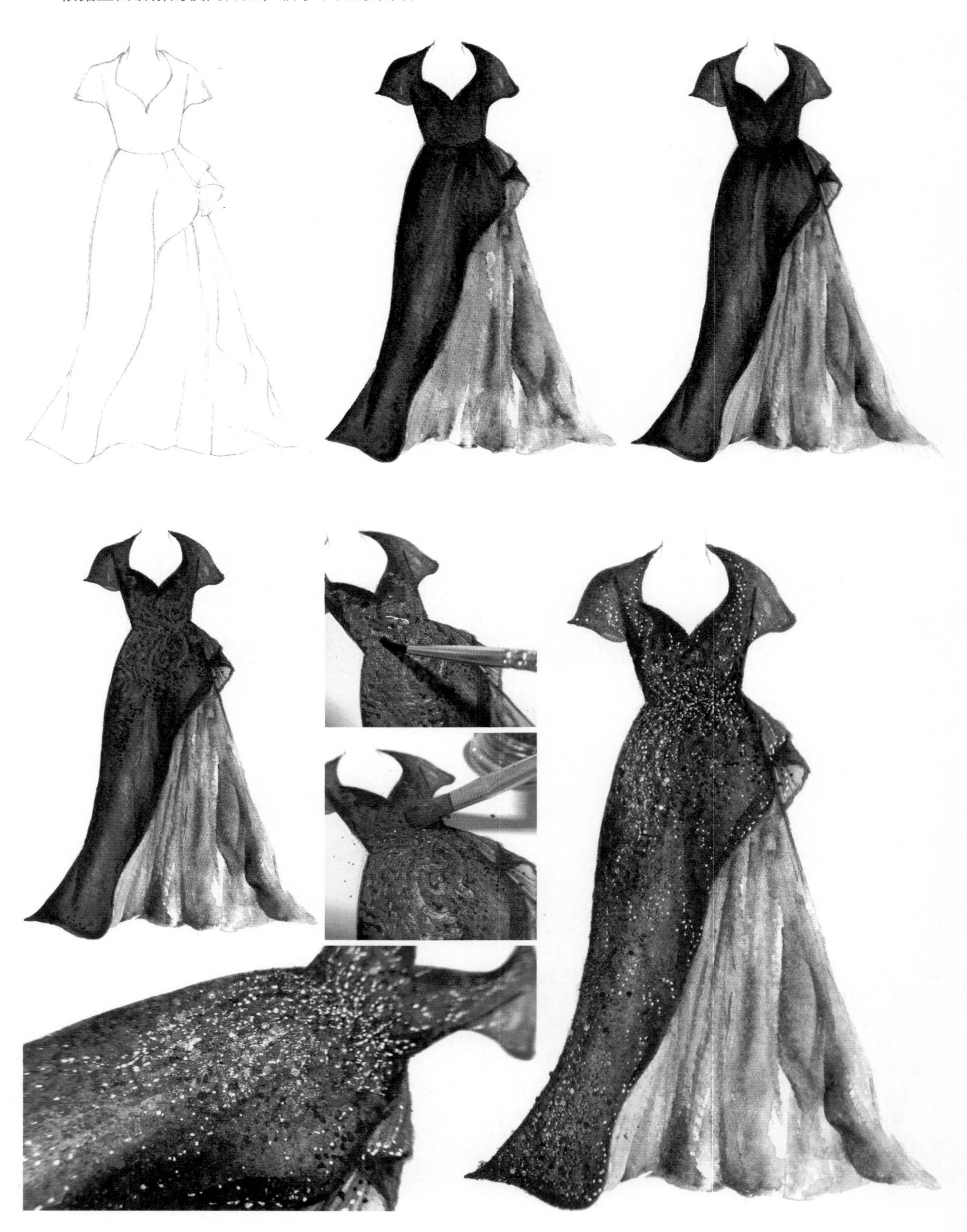

4.1.2 亮片在配饰中的使用方法

1 用铅笔在水彩纸上起稿。下笔要流畅，不要反复描摹。

2 对人物的头部及配饰进行整体铺色。

3 刻画头部及配饰细节，然后用白墨水点出高光。

4	5	6
7	8	

4 拿出准备好的亮片、毛笔及亮片工具中自带的小刷子。

5 等画面完全干透后，用毛笔蘸取岩彩画胶液，以点涂的形式点在需要粘亮片的皇冠和耳饰上。

6 用小刷子或普通毛笔蘸取黄色闪粉或亮片贴在点涂岩彩画胶液的地方。

7 用同样的方法把其他需要粘贴亮片的地方粘上亮片。

8 等亮片完全干透后，配饰的绘制就完成了。

根据上面讲解的使用方法，临摹下面的案例。

4.2 指甲油、彩钻和铆钉的使用

除了亮片以外，还可以将指甲油运用到时装画中。在一些特殊质感的服装中将指甲油与颜料搭配，会产生意想不到的效果。

彩钻和铆钉也可以给时装画起到装饰作用，这样产生的画面就不再是单一的平面，而是带有立体感的时装画。彩钻、铆钉可用于人物的头饰、耳饰、项链和腰带等任何需要装饰的地方。

4.2.1 指甲油在时装画中的使用方法

准备工具：指甲油、水彩纸、颜料、毛笔

1	2	3
4		

1 用铅笔在水彩纸上起稿。下笔要流畅，不要反复描摹。

2 对人物、服装和头饰部分进行整体铺色，注意头饰和服装中颜色的变化和过渡。

3 刻画五官，加重服装暗部，并刻画细节。然后用白墨水点出高光部分。

4 拿出准备好的指甲油，一般选用带亮片的透明指甲油。

5 等画面完全干透后，直接将指甲油涂抹在需要的地方，比如发饰和衣服。指甲油不容易干，画完后可拿到通风处吹干，避免房间有过多的气味。

4.2.2 彩钻和铆钉在时装画中的使用方法

准备工具：彩钻和铆钉、小镊子、颜料、毛笔

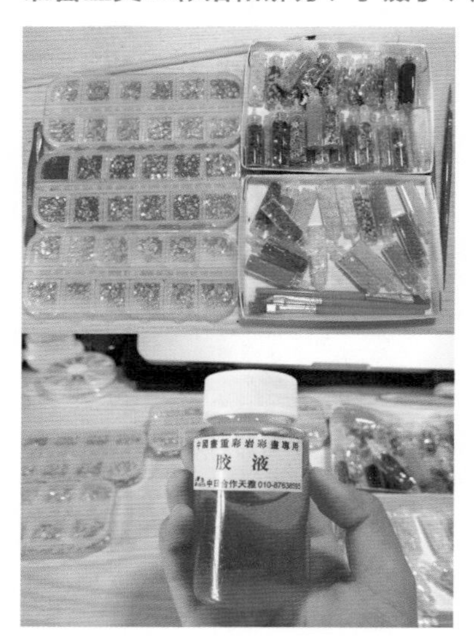

1 用铅笔画出服装的轮廓。下笔要流畅，不要反复描摹。

2 选用深蓝色对服装进行铺色，并刻画细节。然后用高光笔或白墨水点上高光部分。

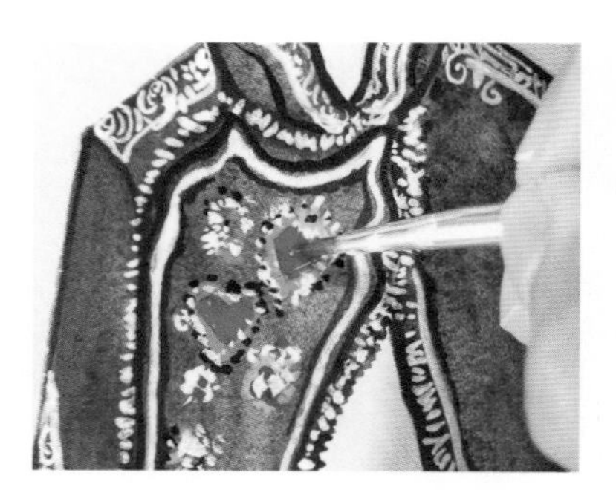

3 用毛笔蘸取岩彩画胶液，以点涂的形式点在需要粘彩钻和铆钉的地方。

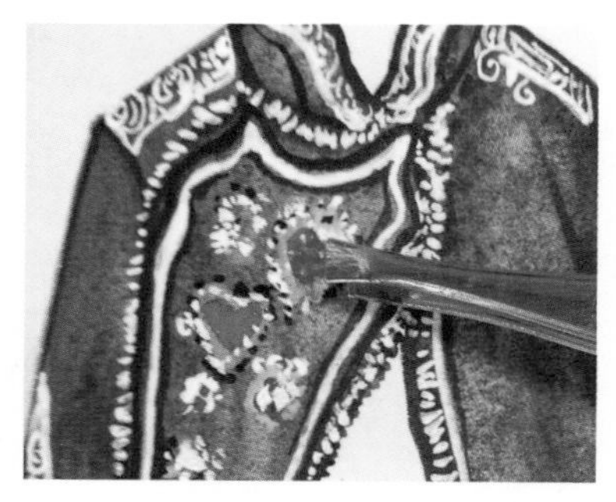

4 拿出准备好的彩钻、铆钉和镊子，把彩钻和铆钉粘在刚刚点涂岩彩画胶液的地方。

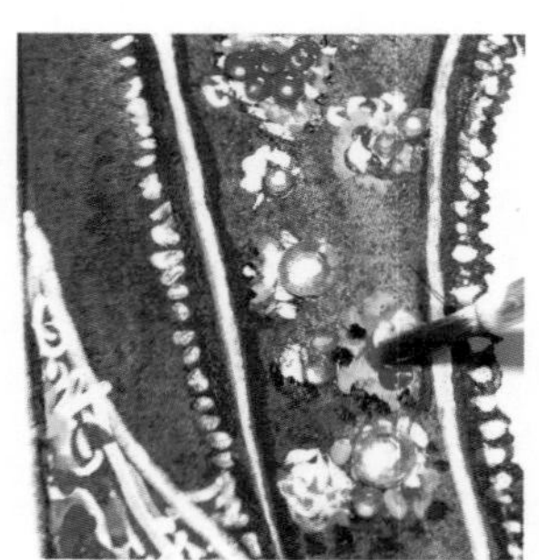

5 用同样的方法把其他需要粘贴彩钻和铆钉的地方逐个贴上。

6 等画面完全干透之后，这个服装的绘制就完成了。

4.2.3 彩钻和铆钉在配饰中的使用方法

彩钻和铆钉在配饰中的使用方法与在服装中的使用方法大体相同，需要注意的是不同类型的时装画要搭配不同种类的彩钻和铆钉。彩钻和铆钉不适合大面积使用，一般用于点缀，当然也不排除特殊情况下的大面积使用。在使用过程中要有耐心，认真地粘贴，这样才能使画面更加细腻、动人。

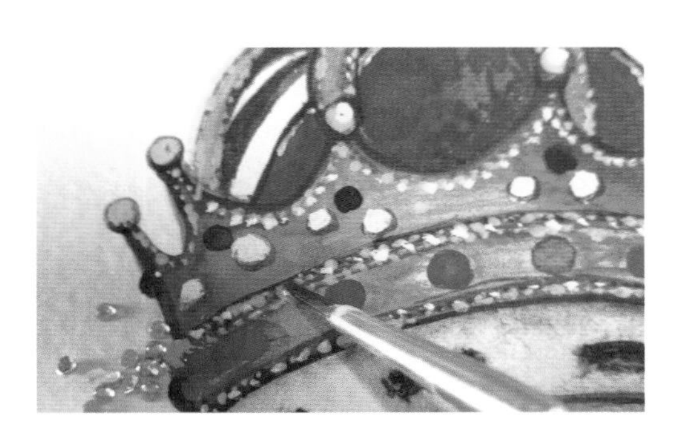

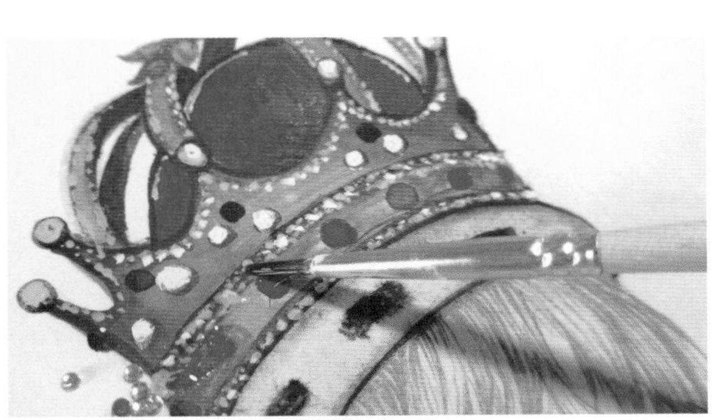

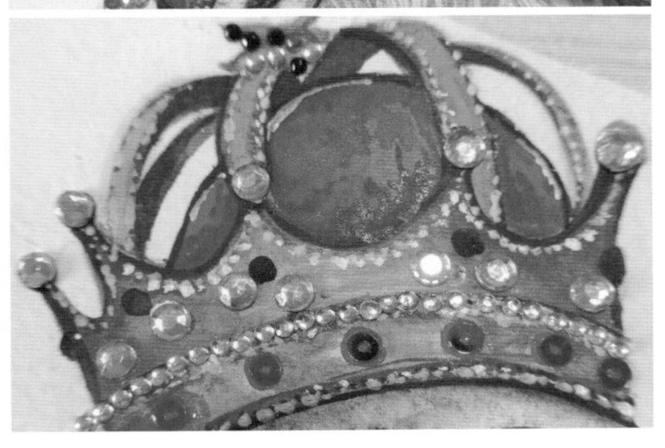

4.3 珠光颜料的使用

珠光颜料可以单独使用，也可以和水彩叠加使用。有的珠光颜料本身的颜色很淡，这时我们就要用其他水彩颜料与其调和。珠光颜料会给时装画带来一闪一闪的视觉感受，区别于常见的水彩时装画。

珠光颜料的用法和普通水彩一样，只需要在调色的过程中加入同色系珠光颜料与水彩进行调和，然后画到纸上就会呈现出珠光的质感。使用DS珠光颜料时也可以直接进行绘制。

1 用铅笔在水彩纸上起稿。下笔要流畅，不要反复描摹。

2 选用蓝色对服装进行铺色，注意颜色的过渡变化。

3 用毛笔蘸取珠光颜料与蓝色水彩颜料进行调和，继续给服装铺色。

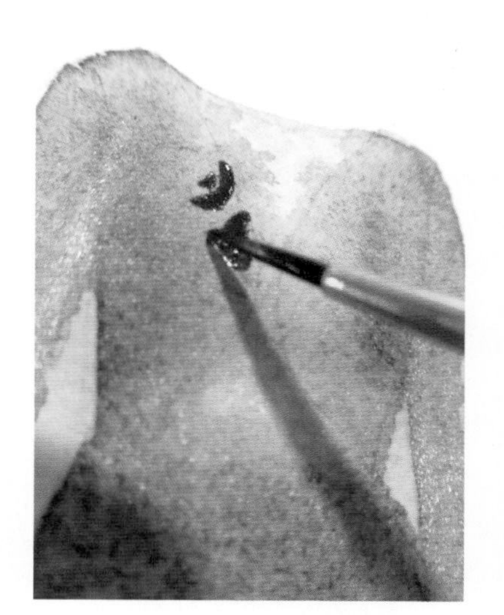

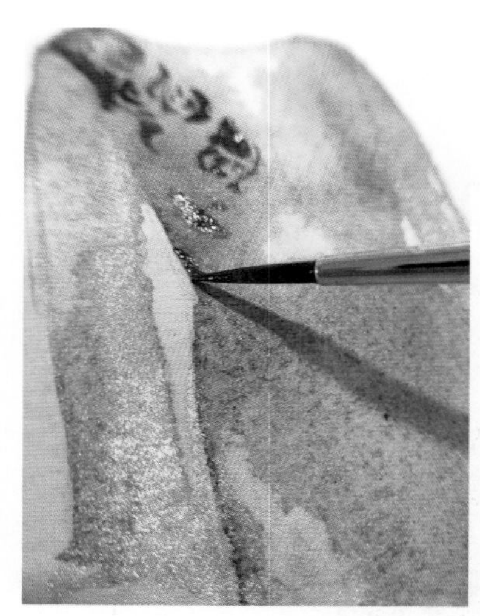

4 用毛笔蘸取珠光颜料与蓝色水彩颜料进行调和，绘制服装上的花纹并加重服装暗部。

5 选取偏蓝一点的白色珠光颜料，直接在服装上点上装饰的点。

6 最后用高光笔点出服装上的高光部分和珠光颜料周围的装饰，这个服装的绘制就完成了。

05 CHAPTER

服装手绘效果图实例

5.1 彩铅手绘效果图实例

5.1.1 条纹面料效果图

3 使用棕色彩铅简单画出眉毛、眼线、鼻孔和唇线，用红色画出嘴唇，用橘黄色、棕色等颜色给头发铺色。

1 用铅笔起稿，注意人体比例及三庭五眼的位置。

2 选用两个肤色颜色的彩铅对皮肤进行整体铺色，先用浅一点的颜色，然后用深一点的颜色进行叠加铺色。眼窝、颧骨、鼻底，以及脸部与颈部交界处的颜色稍微深一点，塑造体积感。

4 用红色、橘黄色和棕色彩铅绘制头发的细节，注意头发的明暗关系。

5 深入刻画五官。用棕色、深棕色和黑色由浅入深地刻画眼睛和眉毛，用浅棕色加一点红色画出鼻头的明暗交界线，用深棕色画出鼻孔和鼻翼两侧，用红色画出嘴唇。

6 选用黄色彩铅绘制出上衣的条纹，注意条纹的走向是随着服装的变化而变化的。

7 选用浅绿色彩铅在黄色条纹边上继续刻画，用深蓝色彩铅绘制出衣领并对上衣进行简单勾线。

8 选用更深一点的绿色彩铅继续贴着上一步骤中的条纹进行刻画，注意条纹的走向及变化。

9 选用深蓝色彩铅画出颜色最深的条纹。

10 用黑色彩铅绘制腰带部分的细节，并在条纹处加入棕色来丰富画面。然后对暗处及服装褶皱处进行刻画，塑造体积感。

11 用黄色彩铅绘制出裤子上的条纹，注意条纹走向的变化，下笔要流畅。

12 用浅绿色彩铅在黄色条纹边上继续刻画条纹。

13 选用更深一点的绿色彩铅继续贴着上一步骤中的条纹进行刻画。

14 选用绿色彩铅随着裤子的走向进一步刻画条纹细节。

15 用深蓝色彩铅画出裤子上颜色最深的条纹，注意条纹的走向变化。

16 在条纹中加入少量的棕色以丰富画面细节。

17 用白色脱胶颜料或丙烯颜料点出高光部分。

5.1.2 针织衫及纱料裙效果图

3 用棕色彩铅简单画出眉毛、眼线、鼻孔和唇线，用红色画出嘴唇，用橘黄色、棕色等颜色给头发铺色。

4 用棕色、黑色彩铅绘制头发细节，注意头发的明暗关系。然后深入刻画五官，用浅蓝色彩铅绘制瞳孔，用深棕色画出鼻孔和鼻翼两侧，用红色画出嘴唇。

1 用铅笔起稿，注意人体比例及三庭五眼的位置。

2 选用两个肤色颜色的彩铅对皮肤进行整体铺色，先用浅一点的颜色，然后用深一点的颜色进行叠加铺色。眼窝、颧骨、鼻底，以及脸部与颈部交界处的颜色要稍微深一点，塑造体积感。

5 选用浅粉色对针织衫进行铺色，然后选用其他两种粉色彩铅由浅入深地刻画右边的袖子及领口。注意要运用打圈的方式刻画，暗部及褶皱处的颜色较深。

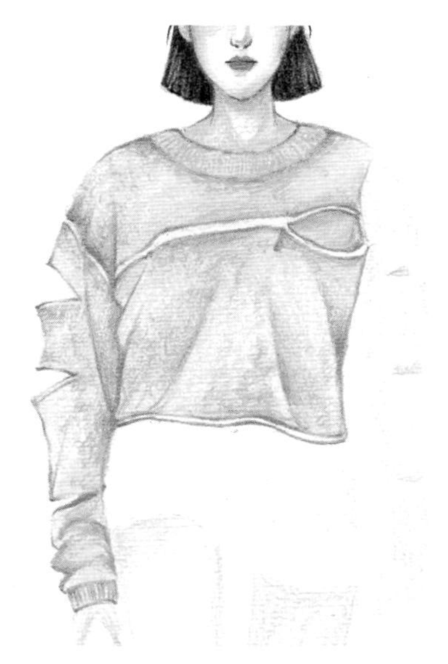

6 用上一步骤中的方法绘制腰腹部位的服装，注意服装的褶皱走向。

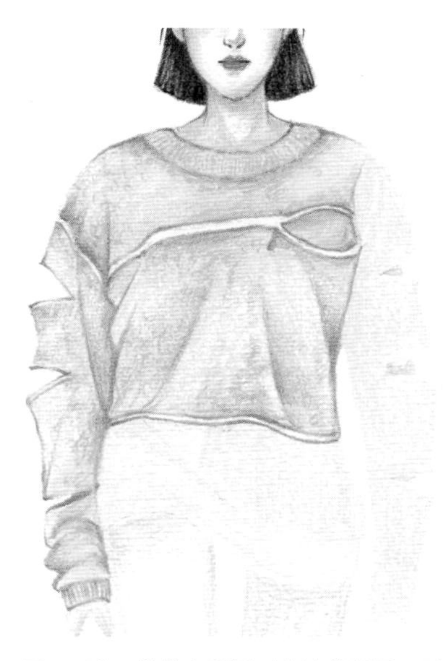

7 选用浅粉色彩铅对左边的袖子及胯部的服装进行整体铺色。

8 用两种粉色彩铅以打圈的方式由浅入深地刻画左边的袖子及胯部的服装。

9 深入刻画胯部的服装。注意服装的层次，贴近皮肤处及暗部的颜色较深。

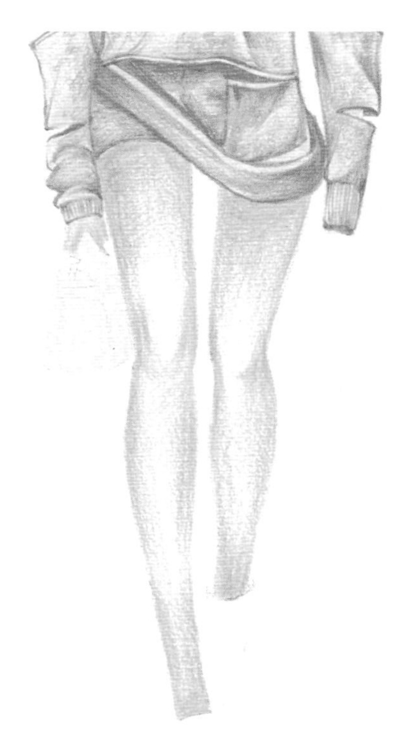

10 用肤色彩铅加重腿部的暗部，塑造腿部体积感的同时用浅粉色对手提包进行铺色。

11 选用其他粉色系颜色深入刻画手提包。用浅粉色彩铅对纱裙进行整体铺色，注意透过腿部的网纱的颜色不宜过深。

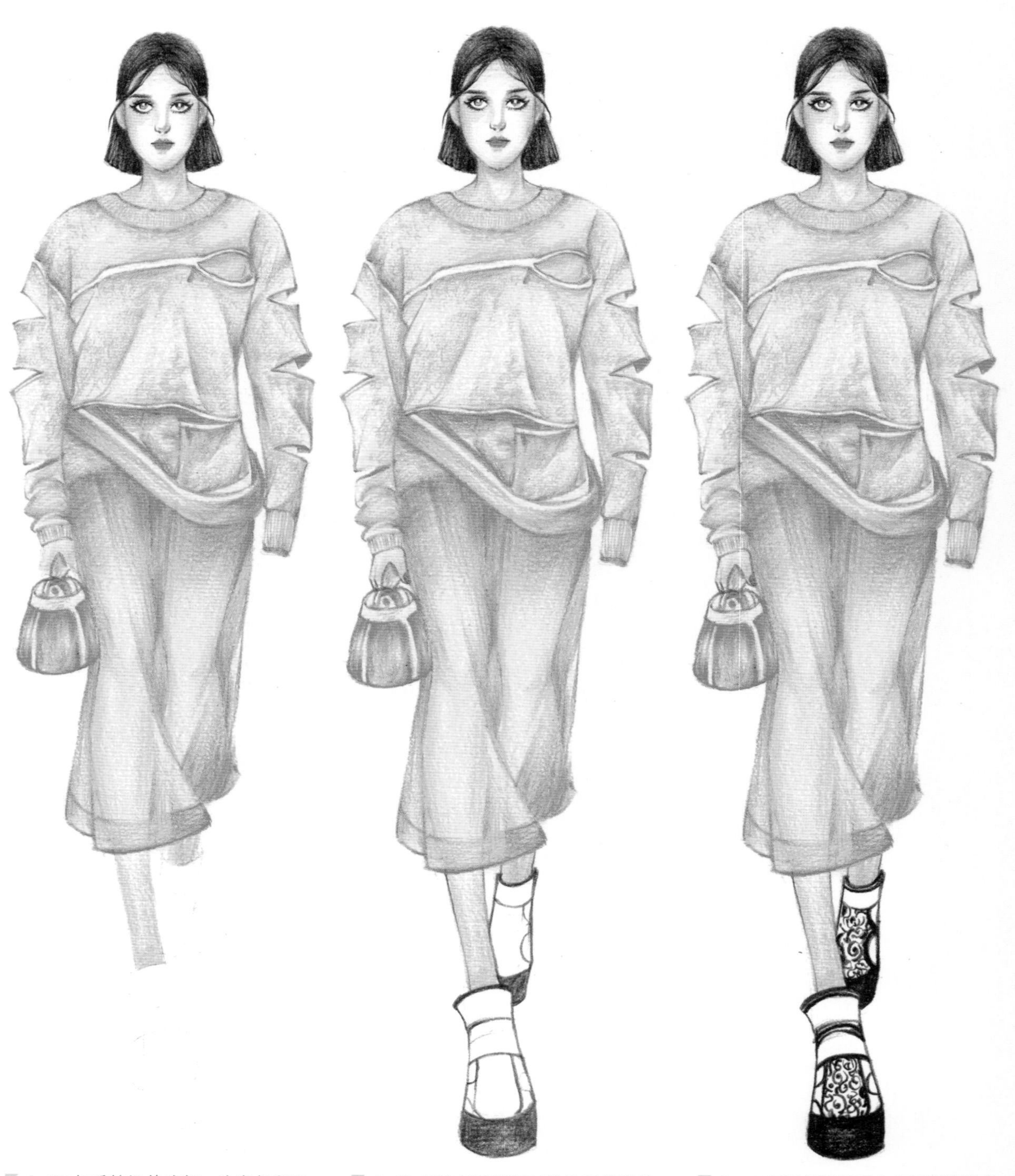

12 加重纱裙的暗部，注意保留腿部颜色，这样才能体现出纱裙的质感。

13 用棕色系彩铅对鞋进行简单的铺色及勾边处理。

14 用黑色彩铅深入刻画鞋面的花纹及鞋的暗部。

15 用深红色彩铅对服装的边线及暗部进行整体处理，塑造出服装的体积感。

16 用白色脱胶颜料点出服装上的装饰点。

5.1.3 毛领棉服效果图

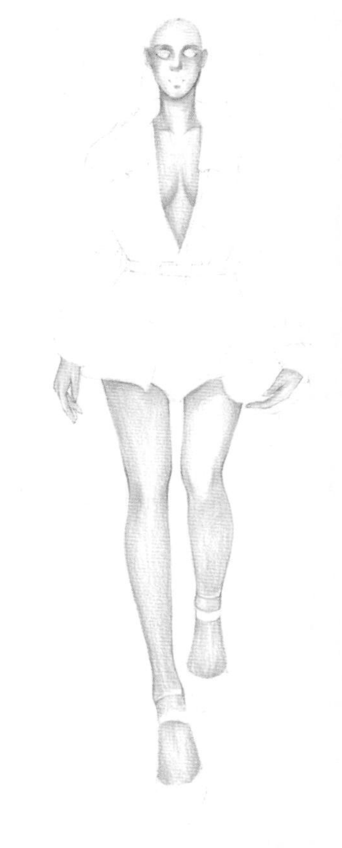

1 用铅笔起稿，注意人体比例。

2 用两个肤色颜色的彩铅对皮肤进行整体铺色，先用浅一点的颜色，然后用深一点的颜色进行叠加铺色。眼窝、颧骨、鼻底以及脸部与颈部交界处的颜色要稍微深一点，塑造出体积感。

3 加重皮肤暗部，腿部的两侧及贴近服装处的颜色较深。

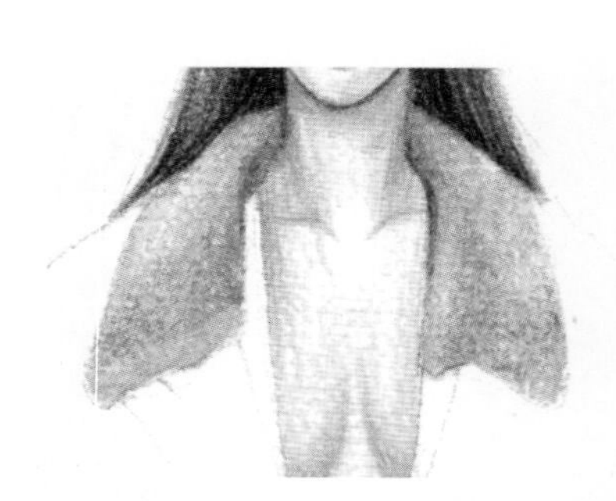

4 用棕色彩铅简单画出眉毛、眼线、鼻孔和唇线，用红色画出嘴唇，用橘黄色、棕色等颜色给头发铺色。

5 用棕色、黑色彩铅绘制头发的细节，注意头发的明暗关系。然后深入刻画五官，用浅蓝色彩铅绘制瞳孔，用深棕色画出鼻孔和鼻翼两侧，用红色画出嘴唇。

6 用同色系的蓝色绘制毛领部分。先用浅蓝色整体铺色，再用打圈的方式绘制毛领细节。

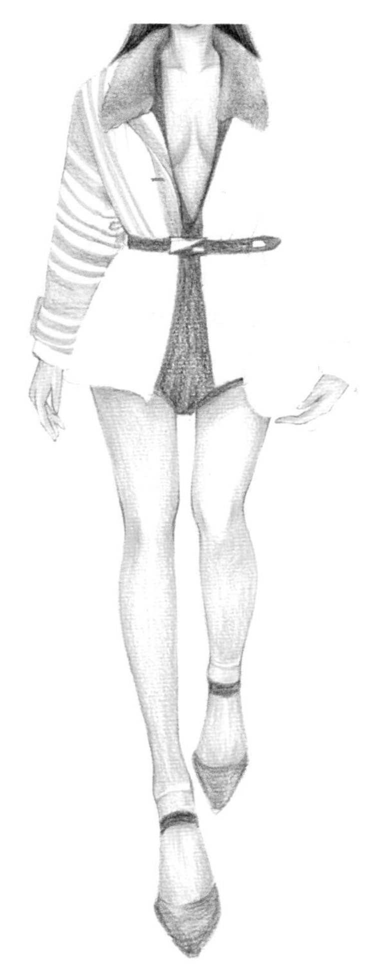

7 用浅蓝色彩铅对右边的袖子进行铺色，注意条纹的粗细变化，不要绘制得过于统一。

8 用深蓝色对腰带、鞋子及贴身服装进行铺色。

9 用灰色彩铅对手拿包进行铺色，注意包上纹路的绘制。

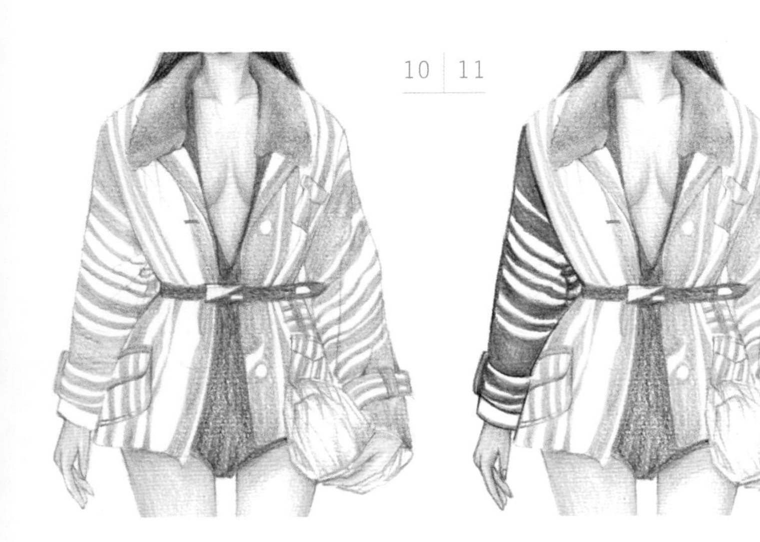

10 用浅蓝色彩铅给服装的其他部位铺色，注意条纹与兜之间的变化关系。

11 用几笔稍深的蓝色绘制右边袖子的条纹细节，两侧的颜色偏深，注意颜色过渡要自然。

12 用上一步骤中同样的方法绘制右半边服装的条纹，并用不同的灰色系彩铅以打圈的方式绘制服装上的装饰，然后用黑色对服装进行勾边处理。

13 用黑色加深腰带及贴近皮肤处的服装，与外套区分开显得更有层次感。

14 绘制左半边服装上的条纹。

15 用深灰色及黑色绘制手拿包的暗部和细节。然后绘制左半边袖子的条纹，用黑色对服装进行勾边处理。

16 加重腿部暗部的皮肤颜色，塑造出腿部的体积感。然后用深蓝色刻画鞋面，并用黑色给鞋子勾边。

17 用白色脱胶颜料点出服装上的高光。

5.1.4 蕾丝面料效果图

1 用铅笔起稿，注意三庭五眼的位置。

2 选用两个肤色颜色的彩铅对皮肤进行整体铺色，先用浅一点的颜色，再用深一点的颜色进行叠加。眼窝、颧骨、鼻底以及脸部与颈部交界处的颜色要稍微深一点，塑造出体积感。

3 加重皮肤暗部，腿部两侧及贴近服装处的颜色较深。用橘黄色彩铅对头发进行铺色。

4 用红色画出嘴唇，用蓝色画出瞳孔，用棕色、橘红、橘黄和黑色等颜色深入刻画头发的细节。

5 深入刻画五官。

6 用黑色彩铅根据蕾丝面料的走向进行铺色，注意颜色不要铺得过深，要画出蕾丝面料通透的质感。

7 用削尖的铅笔刻画领口的蕾丝细节，注意蕾丝的变化，不要画得过于统一。

8 用黑色彩铅绘制手提包。用肤色彩铅加重皮肤暗部，塑造出体积感。

9 用黑色彩铅画出右边袖子的部分，注意蕾丝的走向变化。

10 用黑色彩铅绘制出胸前及胯部的服装，注意蕾丝花纹存在粗细不一的变化。

11 绘制出左边的袖子。

12 用黑色彩铅刻画下半身裙子的蕾丝细节。

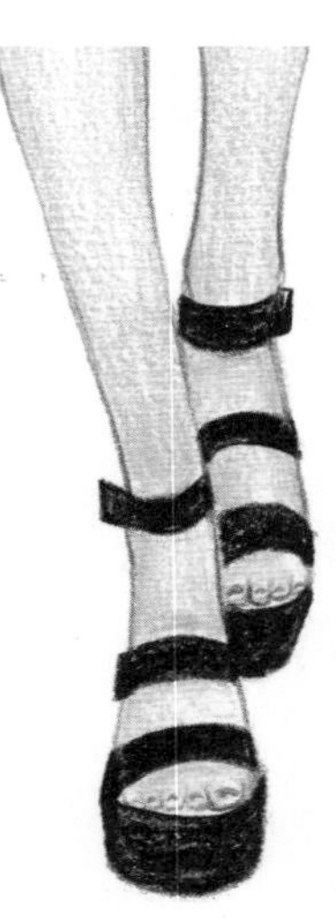

13 用黑色彩铅刻画鞋子。

14 用白色脱胶颜料点出服装上的高光。

5.1.5 毛衣与牛仔裤效果图

3 用棕色彩铅简单画出眉毛、眼线、鼻孔和唇线，用红色画出嘴唇，用橘黄色、棕色等颜色给头发铺色。

1 用铅笔起稿，注意人体的比例及三庭五眼的位置。

2 选用两个肤色颜色的彩铅对皮肤进行整体铺色，先用浅一点的颜色，再用深一点的颜色进行叠加铺色。眼窝、颧骨、鼻底以及脸部与颈部交界处的颜色要稍微深一点，塑造出体积感。

4 用红色、橘黄色和棕色彩铅绘制头发细节，注意头发的明暗关系。深入刻画五官，用棕色、深棕和黑色由浅入深地刻画眼睛和眉毛，用浅棕色加一点红色画出鼻头的明暗交界线，用深棕色画出鼻孔和鼻翼两侧，用红色画出嘴唇。

5 用红色彩铅给毛衣铺色，并用蓝紫色彩铅绘制毛衣上的印花。

6 用红色加重毛衣的整体颜色。削尖铅笔，绘制出袖子上的绒毛，表现出毛衣的质感，用黑色绘制印花部分的细节。

7 用蓝紫色彩铅与红色彩铅绘制毛衣的下半部分，通过叠加的方式进行绘制，每层的颜色不宜过深。然后用黑色彩铅画出腰带。

8 用浅蓝色彩铅对牛仔裤进行铺色。

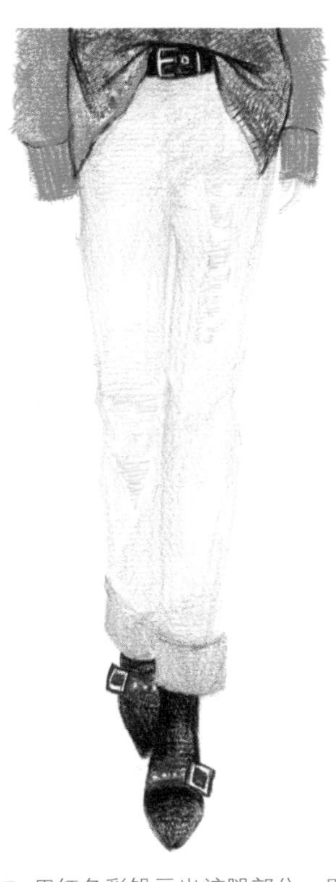

9 用红色彩铅画出裤腿部分，用黑色及蓝紫色彩铅绘制鞋子。

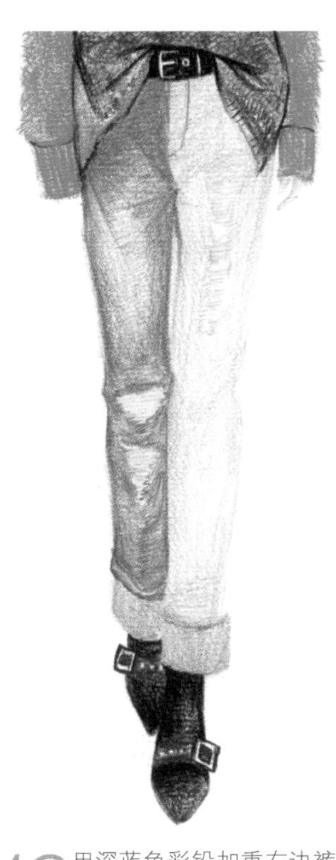

10 用深蓝色彩铅加重右边裤腿的暗部。

11 用深蓝色彩铅加重左边裤腿的暗部。

12 用红色及蓝紫色彩铅叠加，绘制出裤边的卷边部分。

13 用更深一点的蓝色继续加重牛仔裤的暗部，并画出裤边装饰线。

14 用白色脱胶颜料点出服装上的高光。

5.2 水彩手绘效果图实例

5.2.1 紧身 T 恤和半裙效果图

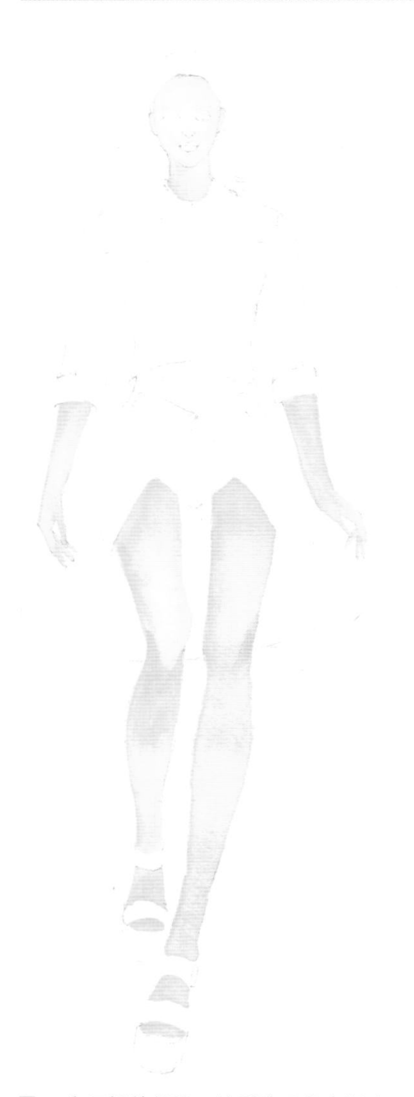

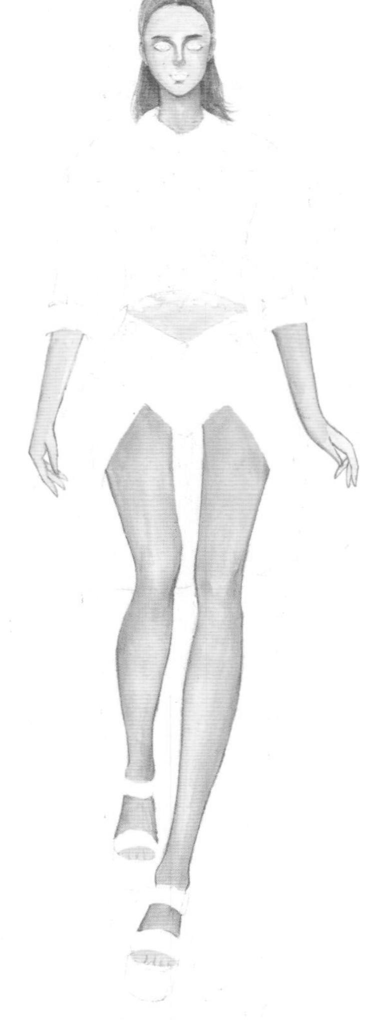

3 深入刻画五官和头发，用蓝色在瞳孔点一个点，然后用水进行晕染，画出透明的感觉。用红色、棕色和深棕色画出头发的亮暗面及头发丝的细节。

1 先用铅笔起稿，然后选用鲁本斯中的肤色颜料对皮肤进行整体铺色。光源是从正面打过来的，所以靠近前方皮肤的颜色淡一些，两侧皮肤稍加一点红色进行调和，注意颜色的过渡与衔接。

2 在肤色中加入少量橘黄色或橘红色进行调和（根据自己的绘画习惯进行调色，没有固定的调色方法），加深皮肤暗部以及眼窝、鼻底、颧骨和颈部等部位，注意亮部与暗部的衔接要自然。绘制的过程中要掌握水与颜料的用量，选用棕色、红色系颜色对头发进行铺色，注意头发的走向及明暗关系。

4 用红色对上半身铺色，铺色过程中要掌握好水量，不要把颜色铺得过于统一。胸部下方及袖口处的颜色要比其他部位深一点。

5 用红色对下半身铺色。两腿间背光处的颜色较深，两侧受光处的颜色较淡，可加水进行晕染使颜色更柔和。

6 用红色加重上半身服装的暗部及褶皱处。注意上半身服装边缘的波浪形背光处的颜色要重一些，塑造出体积感。

7 用红色加重下半身右边服装的暗部，并画出腰间的带子。带子不要画成一个颜色，区分出明暗会使画面更耐看。

8 用上一步骤中同样的方法绘制出下半身服装的左侧，并用深棕色对服装进行简单勾线，塑造体积感及细节。大多是在服装暗部褶皱处或需要装饰处进行勾线，受光处的服装一般不进行勾线。

9 用深蓝色加重鞋的暗部，用红色细画鞋面。用勾线笔蘸取黑色，画出服装上的装饰花纹。

10 用白墨水或白色脱胶颜料点出瞳孔上的高光，并画出服装上的高光及花纹。

5.2.2 印花绸缎面料效果图

3 深入刻画五官及头发。用蓝色在瞳孔点一个点，然后用水进行晕染；用红色对嘴唇部分进行铺色晕染，其中唇线颜色最深，慢慢向上唇及下唇晕染。

1 起稿，注意人体的比例及三庭五眼的位置，然后用鲁本斯中的肤色颜料对皮肤铺色。光源是从正面打过来的，所以靠近前方皮肤的颜色淡一些，两侧皮肤稍加一点红色进行调和。

2 在肤色中加入一些橘黄色或橘红色进行调和，绘制的过程中要掌握水与颜料的用量。

4 用黄色对服装进行整体铺色，铺色过程中要掌握好水量，不要把颜色铺得过于统一。腰部与裤腿处形成褶皱的地方，其颜色较其他地方深一些。

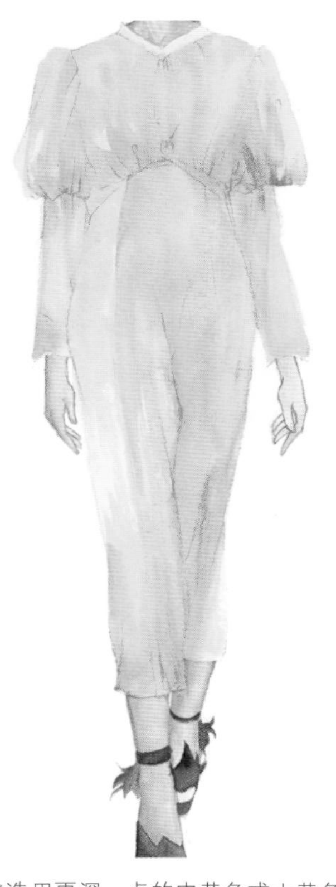

5 选用更深一点的中黄色或土黄色，在腰部与裤腿处形成褶皱的地方，用上一步骤中的淡黄色进行叠色晕染，丰富画面并塑造体积感。不宜加过多的水使颜料扩散，然后选用灰色给鞋子铺色。

6 在腰部与裤腿处形成褶皱的地方加入橘黄或橘红进行调色晕染，使服装更具立体感，同时对服装的边缘及褶皱进行简单勾线。

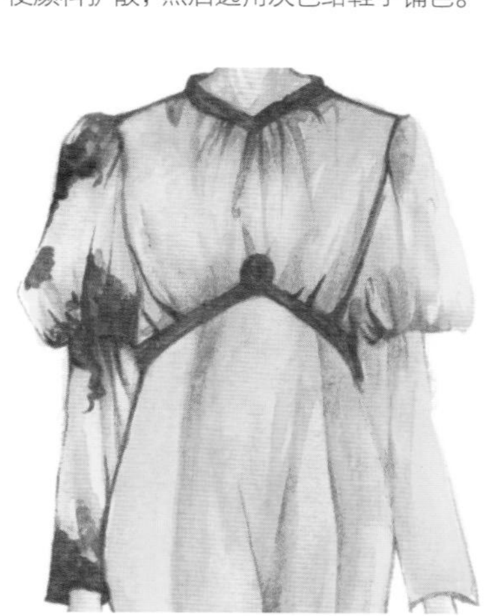

7 等待上一步骤中的颜色完全干透后，用土红色和墨绿色绘制领子及腰部的细节，并画出右边袖子上的印花图案。

8 用土红色和墨绿色绘制出上半身和左边袖子上的印花细节。印花没有固定的样式，可以根据自己的喜好自由发挥，也可以加入其他同色系颜色进行晕染。

9 用上一步骤中同样的方法绘制出下半身的印花图案，可以用两只毛笔进行绘制，免去来回涮笔的麻烦。

10 绘制出其他地方的印花图案，画的过程中要有耐心。然后用深棕色进行勾线，用黑色细画鞋子。

11 用白墨水或白色脱胶颜料点出瞳孔和服装上的高光。

5.2.3 秀场礼服连衣裙效果图

1 起稿，注意人体比例。

2 对皮肤进行整体铺色，靠近前方皮肤的颜色淡一些，两侧皮肤稍加一点红色进行调和。

3 加深皮肤暗部、眼窝、鼻底、颧骨和颈部等部位的颜色，注意亮部与暗部的衔接要自然。选用橘红色、棕色对头发进行铺色，注意头发的走向及明暗关系。

4 选用深棕色加重头发暗部，并用灰色和绿色绘制出皇冠。然后深入刻画五官，用蓝色在瞳孔点一个点，用水晕染。

1	2
3	4

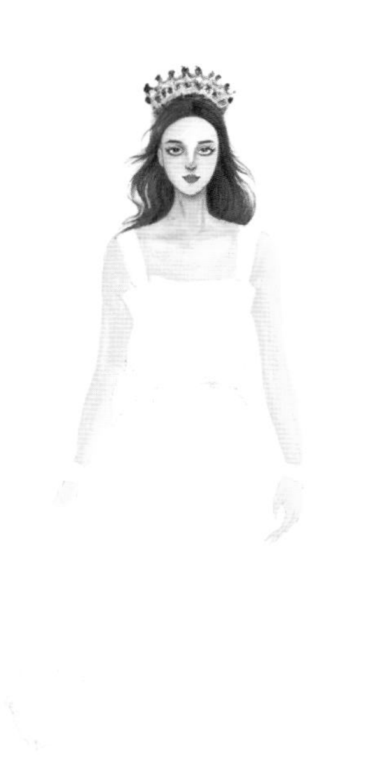

5 将灰色颜料加入适量水，用毛笔快速画出礼服的褶皱部分，为下一步的绘制做铺垫。

6 选用黄绿色绘制礼服上半部分的印花，注意印花的走向。然后用深绿、翠绿色等颜色绘制出项链。

7 用绿色绘制出手链，选用不同的绿色进行调和。对礼服上半部分的印花进行细节刻画，注意印花与褶皱之间的关系。

8 | 9

8 选用黄绿色绘制裙子和手提包。这幅时装画中模特手里拎的包与礼服相互呼应，在画的时候要达到和谐、自然的效果。

9 用上一步骤中同样的方法绘制出礼服裙子上的印花图案。这个颜色在作为打底的同时，也帮助我们给印花的地方起稿，使画面看起来更加有整体性。

10 用深绿色对裙子的底部进行简单的勾边处理，使裙子更具有立体感。选用棕色系颜色绘制手提包部分，适量加入蓝色使手提包的颜色更加丰富，并用不同的绿色对手提包内的物品进行细节的刻画。

11 绘制裙子右半边的印花图案。

12 绘制裙子左半边的印花图案。

13 选用更深的绿色加重裙子上半部分印花的暗部及细节部分。

14 绘制裙子下半部分印花的暗部及细节部分。

15 用白墨水点出皇冠、瞳孔和项链的高光部分，并用白墨水和绿色系颜料绘制耳饰部分。

16 点出礼服上的高光部分，并用DS矿物颜料中的深蓝色在裙底铺色，对整幅画面起到衬托的作用。

5.2.4 牛仔面料套装效果图

1 用铅笔起稿。

2 选用鲁本斯中的肤色系颜料对皮肤进行整体铺色。

3 选用橘棕色加入少量橘红色对头发进行铺色，注意头发的走向及明暗关系。然后用蓝色对帽子进行铺色。

4 深入刻画五官。用蓝色在瞳孔点一个点，再用水进行晕染。然后用深棕色画出项链。

5 选用浅蓝色对上半身的服装进行铺色，注意颜色与水的调和。想让颜色淡一点就多加一点水，颜色深一点就少加一点水。

6 用深棕色加深头发暗部，并画出发丝细节。选用蓝色系颜料进行调和，画出帽子暗部。

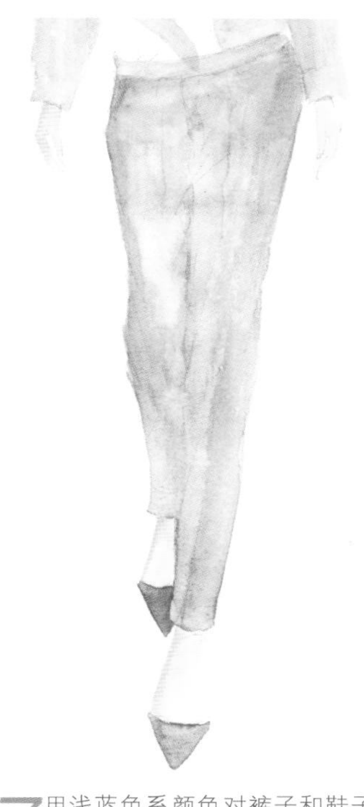

7 用浅蓝色系颜色对裤子和鞋子进行铺色。

8 用蓝色系颜料加深上半身右边服装的暗部，并绘制出上衣的兜。

9 用灰色系颜料绘制出背包的肩带，然后用蓝色系颜料加深上半身左边服装的暗部。

10 用深蓝色对上半身的服装进行勾边处理，并画出虚线状的装饰线。

11 用灰紫色系颜料绘制出背包肩带的细节部分，用蓝色系颜料刻画出腰带。

12 用蓝色颜料加深裤子暗部及褶皱处，注意颜色的过渡要自然。

13 用更深一点的蓝色绘制出裤兜及裤线，并加重鞋的暗部。

14 用深蓝色对裤子进行勾边处理，并画出虚线状的装饰线。

15 用白墨水点出各个部位的高光部分。

5.2.5 及地纱质长裙效果图

1 用铅笔在水彩纸上起稿。

2 选用鲁本斯中的肤色系颜料对皮肤进行整体铺色。

3 加深皮肤暗部颜色。选用橘黄色对头发进行铺色，注意头发的走向和明暗关系。

4 加深头发暗部，刻画发丝细节。然后深入刻画五官，用蓝色在瞳孔点一个点，然后用水进行晕染；用红色对嘴唇部分进行铺色晕染，其中唇线颜色最深。

5 用绿色加入适量的水绘制裙子的上半部分，注意用毛笔笔尖刻画叶子形状的图案。

6 用绿色加入少量黄色对裙子进行铺色，注意颜料与水的用量与调和。在受光处加入黄色进行晕染，使裙子整体更具立体感。

7 用绿色系颜料进行调和加重裙子上半部分的暗部，然后绘制出手链。

8 用更深的绿色继续对上半部分服装进行细节的刻画，在绘制的过程中要有耐心。

9 用绿色系和黄色系颜料加重裙摆，受光处及两侧加入不同的黄色进行晕染，使裙子的颜色更加丰富。

10 用绿色系颜料由浅入深地刻画裙摆上的装饰，利用毛笔的笔尖画出叶子处带尖的部位，每画一笔就会自然地形成一个叶子的形态。

11 绘制出裙摆下半部分的装饰叶子，注意叶子的疏密，不要画得过于统一，要错落有致。

12 用更深的绿色刻画裙摆上的装饰细节，腰间和裙子底部的颜色较深。

13 用白墨水点出瞳孔和上半身服装上的装饰白点。

14 用白墨水点出裙摆上的装饰，最后进行整体调整，这幅水彩时装画就绘制完成了。

5.2.6 卫衣和半身裙效果图

1 起稿，注意人体比例和三庭五眼的位置。

2 用鲁本斯中的肤色系颜料对皮肤铺色。

3 加深皮肤的暗部，选用橘黄色系颜色加入少量红色对头发进行铺色，刘海部位选用大红色绘制，注意头发的走向及明暗关系。然后对五官进行简单铺色。

4 加深头发的暗部，刻画发丝细节。用灰色和红色绘制出帽子。深入刻画五官，选用蓝色在瞳孔点一个点，并用水进行晕染。

5 用黑色加入少量深蓝色进行调和给卫衣上色，选用红色和深蓝色对鞋子进行铺色。

6 用棕色系加入少量深棕色对半裙进行铺色，并用红色画出卫衣上装饰的菱形图案。

7 用棕色、黑色加重卫衣的颜色，并用黄色绘制领子部分。

8 用丙烯颜料绘制卫衣上的装饰图案和鞋上的装饰，要用黄色进行简单起稿。

9 用白色丙烯颜料绘制卫衣上的装饰图案，可以绘制得随意一点，不要过于死板。

10 用棕色、黑色加重半裙的暗部，半裙整体以棕色为主。

11 用红色、蓝色等丙烯颜料对装饰图案和鞋子进行细节的刻画。

12 用黑色颜料绘制出半裙上的细节，并用白墨水点出各个部位的高光。

5.2.7 皮草外套抹胸裙效果图

1 起稿，注意三庭五眼的位置。

2 用鲁本斯中的肤色系颜料对皮肤进行整体铺色。

3 加深皮肤暗部，注意亮部与暗部的衔接要自然。选用橘红色、棕色颜料对头发进行铺色，注意头发的走向及明暗关系。

4 选用深棕色加重头发的暗部，并对五官进行简单的铺色。

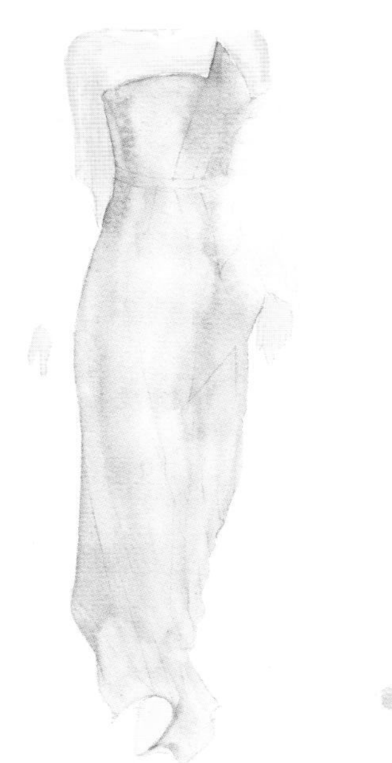

5 深入刻画五官。用深棕色和黑色画眼线和睫毛部分；选用红色对嘴唇进行铺色晕染，其中唇线的颜色最深；选用蓝色对抹胸裙进行铺色，注意水与颜料的调和、过渡及晕染。

6 选用较深一点的蓝色加入适量的水对皮草进行铺色，铺到皮草的边缘，用毛笔进行简单的刻画来塑造皮草的质感。

7 选用不同种类的蓝色对抹胸裙的上半部分进行刻画，可在蓝色中加入适量的紫色进行晕染。

8 用蓝色绘制抹胸裙，绘制时不要过于死板。

9 绘制出抹胸裙的下半部分。

10 选用不同种类的蓝色进行调和，由浅入深地刻画右边的皮草部分，暗部选用相对较深的蓝色进行刻画，用小号毛笔或勾线笔画出皮草的细节部分，注意皮草的明暗关系。

11 用上一步骤中同样的方法绘制出左边的皮草，画的时候要有耐心。

12 选用不同种类的蓝色刻画下半身右边的皮草部分，注意皮草里面的颜色稍淡于皮草表面的颜色，因为皮草里面在画面中相对会受到一点光照。

13 绘制出左半边的皮草，可加入紫色进行晕染，丰富画面效果。

14 整体加重皮草的暗部，塑造皮草质感。同时加重贴近抹胸裙的部位以衬托出裙摆，在抹胸裙处加入适量的紫色进行晕染以与皮草的深蓝色进行区分。

15 用鲁本斯中的淡蓝色颜料绘制出皮草上的毛，可用勾线笔刻画，使画面看起来更加精美。

16 用白墨水点出抹胸裙上的装饰和各个部位的高光。

5.2.8 高级定制礼服效果图

1 用铅笔起稿。

2 选用鲁本斯中的肤色系颜料对皮肤铺色，两侧皮肤稍加一点红色。

3 用橘黄色对头发进行铺色，注意头发的走向及明暗关系。选用棕色和红色大概画出五官的位置。

4 深入刻画五官和头发。选用蓝色绘制瞳孔，用深棕色和黑色画眼线、睫毛部分，选用红色对嘴唇部分进行铺色晕染，用棕色和深棕色画出头发的亮暗面及发丝的细节。

5 选用DS矿物色中的灰色系绘制服装。先对披风进行铺色，铺色时注意水量与水彩的晕染，并进行适当留白。

6 对胸前的服装进行铺色。

7 加重上半身服装的暗部，注意颜色的衔接要自然。

8 由披风底部从下至上进行绘画，披风中间部分的颜色较淡。

9 | 10

9 加深服装暗部及褶皱部分，使其更具有体积感。

10 用白色脱胶颜料或白墨水点出肩膀和胸前服装上的装饰和头部的高光。

11 点出右半边披风上的装饰，披风底部的装饰点整体为圆形。

12 点出左半边披风上的装饰，点的时候注意疏密和大小的变化。

13 点出下半身裙摆的装饰和鞋面上的装饰，最后进行整体调整。

5.2.9 牛仔衬衫和印花裙效果图

1 起稿，注意人体比例。

2 选用鲁本斯中的肤色系颜料对皮肤进行整体铺色，注意颜色的过渡与衔接。

3 加深皮肤的暗部、眼窝、鼻底、颧骨和颈部等部位，选用橘红色对头发进行铺色。

4 | 5

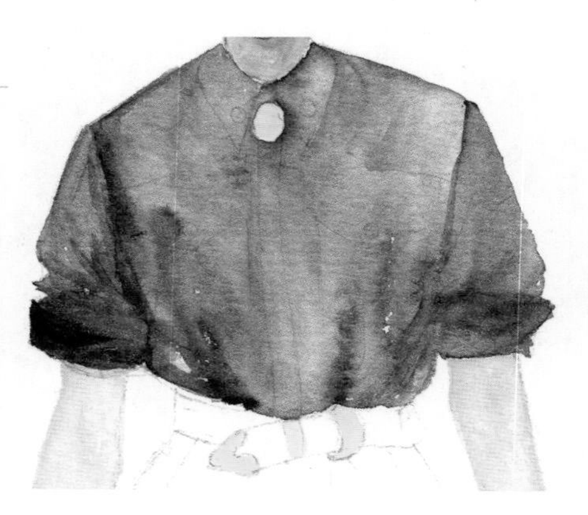

4 选用深棕色继续加重头发的暗部，并用黄色画出头部的装饰物。然后深入刻画五官，选用蓝色画出瞳孔。

5 选用蓝色系水彩对牛仔衬衫进行铺色，暗部和褶皱处的颜色较深。

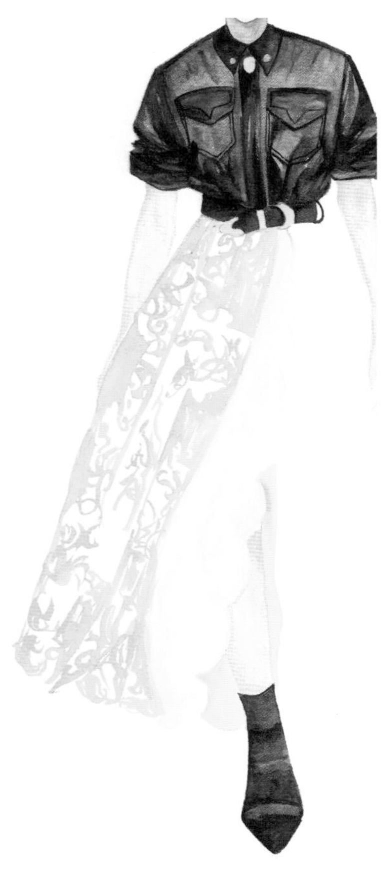

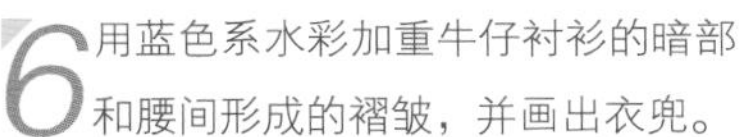

6 用蓝色系水彩加重牛仔衬衫的暗部和腰间形成的褶皱，并画出衣兜。

7 用深蓝色对牛仔衬衫进行勾边处理，画出服装的细节部分。用灰色绘制出腰带，用淡黄色对裙子的中间部分进行铺色，用灰色对鞋子进行铺色。

8 用黄色系水彩绘制裙子右半边的花纹，可以画得随意些，使画面更加自然、丰富。

9 | 10

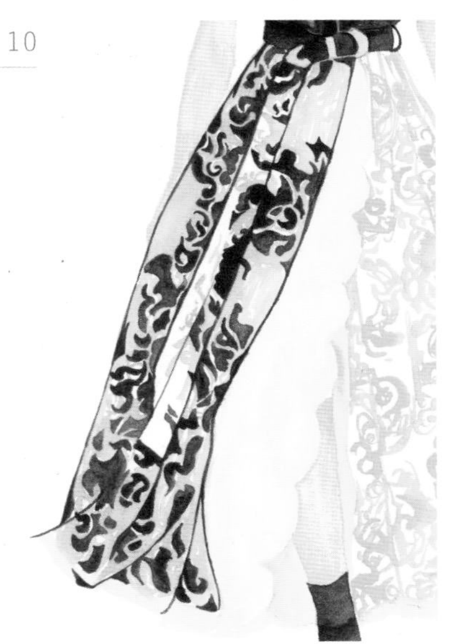

9 用上一步骤中同样的方法绘制左半边裙子上的花纹。

10 用深蓝色绘制右半边裙子上较深颜色的花纹，注意花纹的变化，不要绘制得过于统一。

11 用黄色系和棕色系水彩绘制裙子中间部分的花纹，贴近边缘的颜色较深。

12 绘制左半边裙子上的深蓝色花纹。

13 用中黄色、橘色和黄色等颜色进行调和，绘制裙子上的花纹细节，画的过程中要有耐心。

14 用白色脱胶颜料或白墨水画出牛仔衬衫上的高光，以及裙子和头部的高光。

5.2.10 一字领上衣和休闲裤效果图

1 用铅笔起稿，注意三庭五眼的位置。

2 对皮肤进行整体铺色。光源在左上方，所以靠近右上方皮肤的颜色要淡一些，两侧皮肤稍加一点红色进行调和，注意颜色的过渡与衔接。

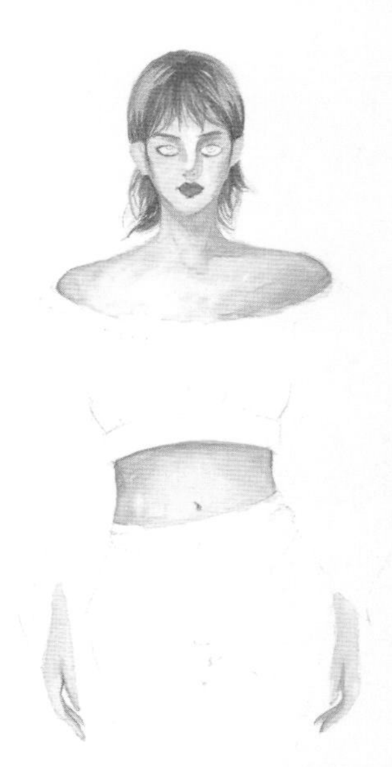

3 用橘红色、橘黄色等颜色对头发进行铺色，注意头发的走向和明暗关系。

4 用橘红色继续加重头发的暗部，然后深入刻画五官。

5 用粉色和淡黄色对一字领上衣进行铺色，注意受光处的颜色较淡。

6 用玫红色对休闲裤进行铺色。

7 用粉色与淡黄色进行调和，绘制一字领上衣胸前的位置，注意褶皱处的颜色较深。

8 用上一步骤中同样的方法绘制两边的袖子。

9 用玫红色与红色进行调和，绘制上衣的暗部，塑造出体积感。

10 用玫红色刻画右边的裤腿，暗部的边缘及褶皱处的颜色较深。

11 用上一步骤中同样的方法绘制左边的裤腿。

12 用棕色和红色颜料进行调和，对裤子进行勾边处理。

13 用白色脱胶颜料绘制项链和上衣的装饰物，然后深入刻画鞋子。

14 点出头部和服装上的高光部分，并绘制项链和上衣装饰物的阴影。

15 选用DS中的矿物色系颜色绘制背景，注意不要弄脏画面。

5.3 马克笔手绘效果图实例

5.3.1 T恤连衣裙套装效果图

1 用HB铅笔或自动铅笔起稿。

2 用白金彩色新毛笔中的黑色勾出衣服的线稿，下笔要流畅，注意提笔和顿笔的运用。然后用浅棕色樱花针管笔勾出皮肤的线稿。

3 选用法卡勒三代软头的肤色马克笔套装绘制皮肤。选取其中最浅的肤色，用软头的一侧对皮肤进行整体铺色。

4 选用颜色与上一步骤中相近并且稍微深一点的颜色进行肤色的叠加，塑造体积感。画的过程中下笔要迅速，马克笔在未干的情况下混色更为自然。然后选择棕色马克笔，用软头对头发进行铺色。

5 用彩铅绘制出五官细节。

6 选用浅灰色马克笔，用宽头对T恤进行铺色，下笔要流畅，绘制的过程中要自然地留白。

7 选用肤色马克笔中的淡粉色，用软头的一侧对连衣裙进行铺色，褶皱和边缘的颜色较深。

8 选用更深一点的粉色对连衣裙进行叠加铺色。

9 选用棕色马克笔绘制袖口、裙底及腰间绑带，选用深灰色马克笔绘制手提包。

10 用灰色纤维笔绘制T恤两侧的细节装饰，用红色纤维笔绘制领子和两侧袖子的细节。

11 用红色纤维笔绘制裙子上的条纹细节。

12 用高光笔点出头部和服装上的高光部分，然后刻画裙底的蕾丝部分。

13 选用浅蓝色马克笔，用宽头的一侧贴近模特的左侧绘制简单的背景用来衬托模特。

5.3.2 棕色风衣绘制方法

1 起稿，注意人体比例及三庭五眼的位置。

2 用白金彩色新毛笔的黑色勾出衣服的线稿，下笔要流畅，注意提笔和顿笔的运用。然后用浅棕色樱花针管笔勾出皮肤的线稿。

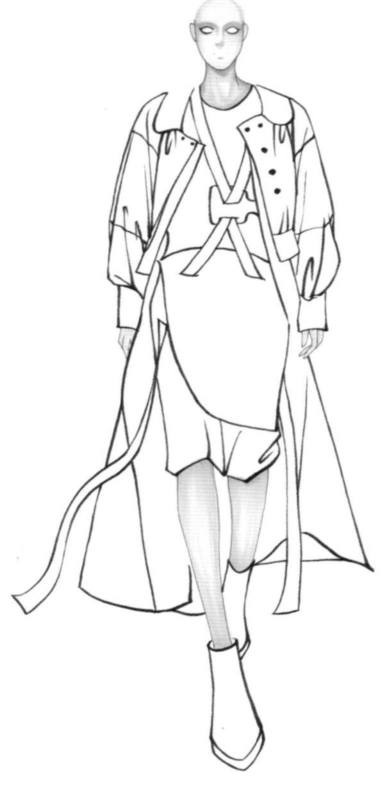

5选用棕色马克笔，用软头对头发进行铺色，并且用彩铅大概画出五官的位置。

3选用法卡勒三代软头肤色马克笔绘制皮肤。选用其中最浅的肤色，用软头的一侧对皮肤进行整体铺色。

4选用与上一步骤中相近并且稍微深一点的颜色进行肤色叠加，塑造出体积感。画的过程中下笔要迅速。

6使用彩铅绘制出五官的细节和头发的细节。

7 | 8

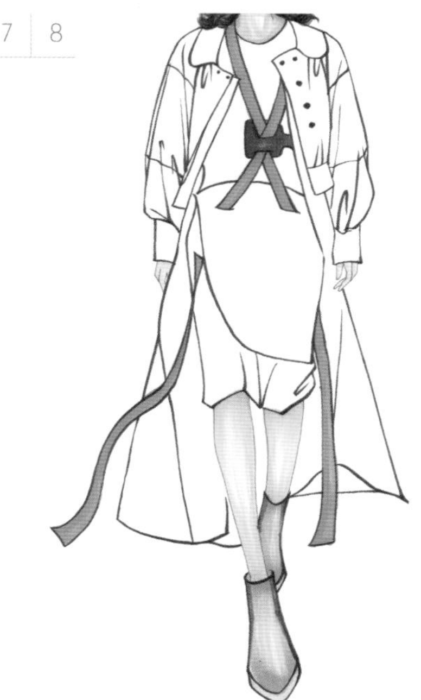

7选用红色马克笔，用尖头绘制服装上带子的部分。

8选用蓝色马克笔，用尖头绘制带子的中间部分。选用棕色系马克笔，用宽头由浅入深地刻画鞋子。

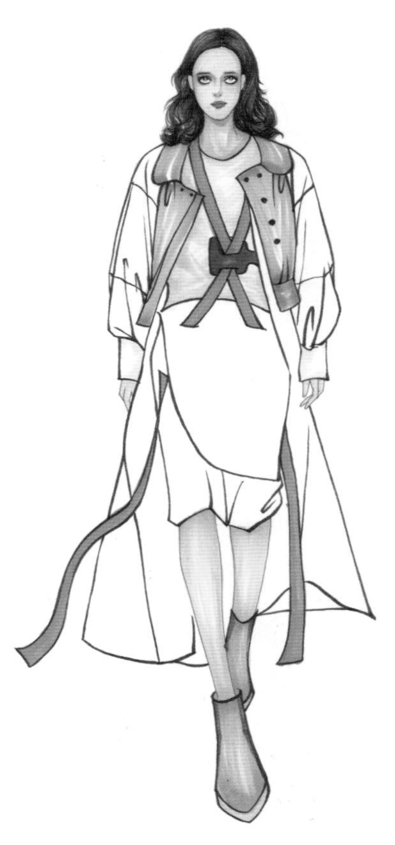

9 选用浅棕色马克笔，对上衣进行铺色，注意留白。

10 对两边的袖子和下半身服装进行铺色。

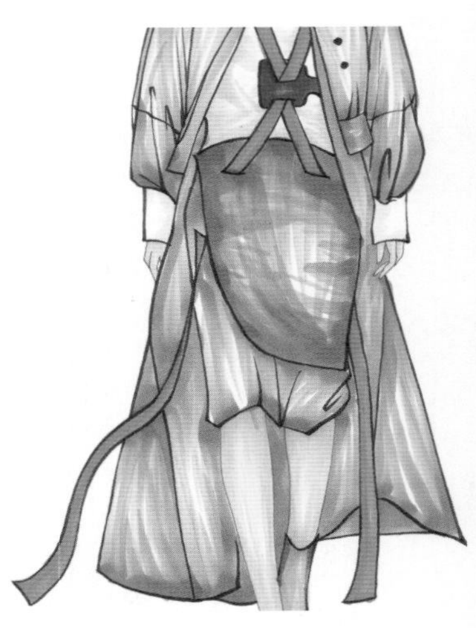

11 对下半身的裙子进行铺色。

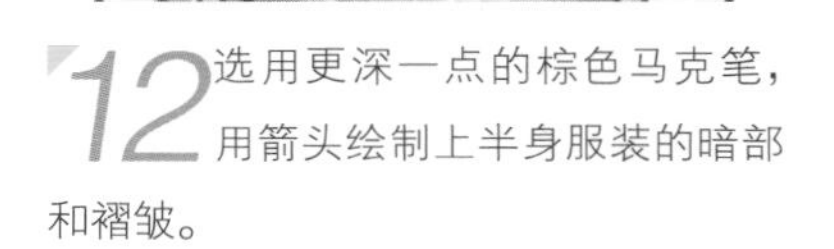

12 选用更深一点的棕色马克笔，用箭头绘制上半身服装的暗部和褶皱。

13 用与上一步骤中相同的方法绘制下半身服装的暗部和褶皱。

14 用高光笔点出头部和服装上的高光部分。

15 选用浅蓝色马克笔，用宽头的一侧贴近模特的左侧，绘制简单的背景以衬托模特。

5.3.3 翻毛棉服与牛仔裤效果图

1 起稿，注意人体的绘制。

2 用白金彩色新毛笔的黑色勾出衣服的线稿，下笔要流畅，注意提笔和顿笔的运用。然后用浅棕色樱花针管笔勾出皮肤的线稿。

3 选用法卡勒三代软头肤色马克笔绘制皮肤。选择其中最浅的肤色，用软头的一侧对皮肤进行整体铺色。

4 选用与上一步骤中相近并且稍微深一点的颜色进行肤色叠加，塑造出体积感。画的过程中下笔要迅速，马克笔在未干的情况下混色更为自然。然后选用淡黄色马克笔，用软头对头发进行铺色。

5 用彩铅绘制出五官和头发的细节。

6 选用相对浅一点的淡红色马克笔，用尖头的一侧对上半身翻毛部分进行铺色，注意适当的留白，塑造出质感。

7 用宽头的一侧对贴身T恤进行铺色。

8 用更深一点的红色马克笔的尖头打圈刻画翻毛部分的暗部，然后用红色与蓝色马克笔的宽头叠加刻画贴身T恤，并用高光笔画出细节。

9 选用相近的两种蓝色马克笔，用宽头叠加绘制上半身服装的剩余部分，下笔要流畅。

10 选用淡蓝色马克笔，用宽头对牛仔裤进行铺色。选用蓝绿色马克笔对鞋子进行铺色。

11 选用更深一点的蓝色马克笔，用宽头对牛仔裤的暗部进行叠加刻画。

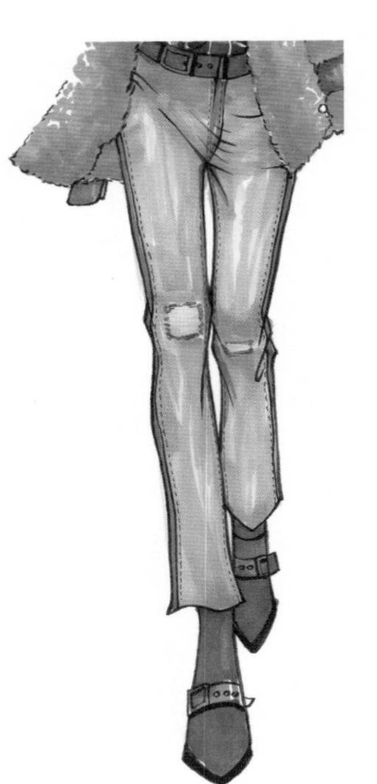

12 用深蓝色纤维笔画出裤线的细节。

13 用高光笔点出头部和服装上的高光部分。

14 选用黄色马克笔，用宽头的一侧贴近模特的左侧绘制简单的背景，用来衬托模特。

5.3.4 牛仔套装效果图

1 用HB铅笔或自动铅笔起稿，注意三庭五眼的位置。

2 用白金彩色新毛笔的黑色勾出衣服的线稿，下笔要流畅，注意提笔和顿笔的运用。然后用浅棕色樱花针管笔勾出皮肤的线稿。

3 选用法卡勒三代软头肤色马克笔绘制皮肤。选择其中最浅的肤色，用软头的一侧对皮肤进行整体铺色。

4 选用与上一步骤中相近并且稍微深一点的颜色进行肤色叠加，塑造出体积感。画的过程中下笔要迅速，马克笔在未干的情况下混色更为自然。选用淡黄色马克笔，用软头对头发进行铺色。

5 用黄色系和棕色系的彩铅绘制出头发的细节。

6 用彩铅刻画五官细节。

7 用蓝绿色马克笔的尖头一侧对服装上的带子进行铺色。

8 用浅蓝色马克笔的宽头一侧对上衣进行铺色，下笔要迅速流畅。

9 用更深一点的蓝色马克笔加重上衣的暗部和褶皱。

10 用深蓝色马克笔绘制领子和腰间的空白部分。

11 用蓝色和灰色马克笔的尖头由浅入深地打圈刻画手拿包。

12 用比上衣深一点的蓝色马克笔的宽头对下半身服装进行铺色。

13 选用更深一点的蓝色马克笔对下半身的服装进行叠加铺色。

14 用高光笔点出服装上的高光和细节部分。

15 用黄色马克笔的宽头贴近模特的右侧绘制简单的背景。

5.3.5 粉色风衣效果图

1 用铅笔在马克笔专用纸上进行起稿。

2 用白金彩色新毛笔的黑色勾出衣服的线稿，下笔要流畅，注意提笔和顿笔的运用。然后用浅棕色樱花针管笔勾出皮肤的线稿。

3 选用法卡勒三代软头肤色马克笔套装绘制皮肤，选用其中最浅的肤色对皮肤进行整体铺色。

4 选用与上一步骤中相近并且稍微深一点的颜色进行肤色叠加，塑造出体积感。画的过程中下笔要迅速，马克笔在未干的情况下混色更为自然。然后选用棕色马克笔，用软头对头发进行铺色。

5 用彩铅绘制出五官细节。

6 选用绿色马克笔的尖头绘制风衣的边缘和风衣底部。

7 选用两种红色马克笔，用宽头由浅入深地刻画贴身服装。用紫色马克笔绘制鞋上的蝴蝶结。

8 选用淡粉色马克笔，用宽头对上半身服装进行铺色，下笔要流畅、迅速，注意留白。

9 用上一步骤中同样的方法绘制下半身的风衣。

10 选用更深一点的粉色马克笔对风衣的暗部和褶皱处叠色，塑造出体积感。

11 用彩铅画出服装上的胸针，用高光笔点出高光的部分。

12 选用墨绿色马克笔，用宽头的一侧贴近模特的左侧绘制背景，并随意点一些点。

5.3.6 秀场粉色连衣裙效果图

1 用铅笔起稿。

2 用白金彩色新毛笔的黑色勾出衣服的线稿，下笔要流畅。然后用浅棕色樱花针管笔勾出皮肤的线稿。

3 选用法卡勒三代软头肤色马克笔套装绘制皮肤，选用其中最浅的肤色进行整体铺色。

4 选用与上一步骤中相近并且稍微深一点的颜色进行肤色叠加，塑造出体积感。画的过程中下笔要迅速，马克笔在未干的情况下混色更为自然。然后选用浅黄色马克笔，用软头对头发进行铺色。

5 用棕色系彩铅和黑色彩铅绘制出头发的细节。

7 选用贴近肤色、偏粉色的马克笔对领子两侧、袖子和PVC材质进行铺色。

6 用彩铅刻画五官细节。

8 使用淡粉色马克笔的宽头给连衣裙铺色。

9 选用更深一点的粉色马克笔继续加深连衣裙的暗部和褶皱处。

10 选用浅灰色马克笔，用尖头一侧叠加在粉色连衣裙需要装饰的部分，丰富裙子的细节。

11 用红色、黄色纤维笔画出服装上的装饰部分。

12 用高光笔点出服装上的高光部分，并刻画细节。

13 选用淡紫色马克笔，用宽头的一侧贴近模特的左侧绘制背景，这幅马克笔时装画就绘制完成了。

附录

效果图赏析

17.8.12.

17. 8. 6.

17.12.10.

miu
miu